U0168679

与人共舞

人工智能成就梦幻世界

罗保林 林海◎编著

科学出版社

北京

图书在版编目（CIP）数据

与人共舞：人工智能成就梦幻世界 / 罗保林，林海编著. —北京：科学
出版社，2020.1
（中国梦·科学梦）
ISBN 978-7-03-062889-3

I.①与… Ⅱ.①罗…②林… Ⅲ.①人工智能－普及读物 Ⅳ.① TP18-49

中国版本图书馆 CIP 数据核字（2019）第 242293 号

责任编辑：徐　烁 / 责任校对：贾伟娟
责任印制：师艳茹 / 内文排版：楠竹文化

编辑部电话：010-64003096
E-mail：xushuo@mail.sciencep.com

科 学 出 版 社 出版
北京东黄城根北街 16 号
邮政编码：100717
http：//www.sciencep.com

三河市春园印刷有限公司 印刷
科学出版社发行　各地新华书店经销
*
2020 年 1 月第　一　版　开本：720×1000　1/16
2020 年 1 月第一次印刷　印张：11
字数：120 000
定价：**70.00** 元
（如有印装质量问题，我社负责调换）

新时代的"中国梦"就是要实现中华民族伟大复兴，这是近代以来中华民族最伟大的梦想！

2019年11月1日是中国科学院成立70周年的日子，科技报国七十载，科技支撑强国梦。尤其是1978年召开全国科学大会后，中国科学院一代又一代的科学人努力拼搏，奋战在科研第一线。

70年，追梦科学，岁月如歌。中国科学院始终与祖国同行，与科学共进，劈波斩浪，艰苦创业，不忘初心，服务社会，报效国家，取得了辉煌的成就，在共和国发展史上写下了不朽的篇章。

我们希望围绕新中国成立以来所取得的重大科技成就，围绕一些重大科技成果的科技史、科技人物进行科普创作，通过展现科学家的探索、拼搏精神和他们在奋斗过程中的故事，让大众了解我国前沿科技事业的发展，让大众了解国家的科技自主创新之路，希望能振奋国人自强、自立的精气神，这是一件有意义的事情。基于此，在中国科学院科学传播局的支持下，由中国科学院离退休干部工作局牵头，中国科学院老科学技术工作者协会组织的"中国梦·科学梦"丛书项目从 2017 年初开始启动，2017 年 7 月老科学技术工作者协会召开选题会，同年 12 月，召开讨论会提出明确的撰写要求，同时开始组稿工作。

组稿工作得到了中国科学院众多研究院所的积极响应，不少同志都表达了写作意愿，有些作者还是已退休的老同志。可以说，这一次的组稿和完稿汇集了很多中国科学院科研工作者的心血。最终根据选题的要求及完成时间的要求不得已进行了取舍，确定了 7 个选题进行最后的创作。

"中国梦·科学梦"丛书以"深空""深地""深蓝"三大领域为主线，以中国科学院 70 年科技创新内容为核心，同时以涵盖 70 年来主要的科技成就为"抓手"，撰写科技人物的杰出贡献，以及科技成果中蕴含的科技知识，通过有趣的故事介绍科学攻关中科学家的敬业、创业、探索精神，希望能让人们了解中国科学院为我国科技事业的发展所做的重大贡献，同时也丰富读者对前沿科学的认识，增强对科学的热爱与向往之情，以及对祖国科技创新发展的自豪感，激发他们投身科学事业的热情。

新一轮科技革命正孕育兴起，党的十八大以来，习近平总书记多次强调要传承和弘扬中华优秀传统文化。当今，各项事业正走向高速发展，国家对科技事业提出了更高的创新要求，我们肩负着国家和人民的期望，任重而道远。接下来，我们的"科学梦"还要立足当下，不断努力。

"科技兴则民族兴，科技强则国家强"。一个追求科学进步的民族才能大有希望。科学是对未知的探索，需要长期艰辛的付出，追求"科学梦"需要有为理想而献身的精神。把个人的"科学梦"同国家、民族的发展结合起来，作为一个命运共同体，以"科学梦"托起中华民族伟大复兴的"中国梦"，这个梦就一定能实现。

鸿蒙初辟之时，天地玄黄，宇宙洪荒。传说，在蛮荒空寂的宇宙里，各路神祇纷纷突发奇想，要造人与自己为伴，由此我们才听到了那些异彩纷呈、绚烂有趣的宗教或神话故事。比如，女娲仿照自己的形象抟土造人，上帝创造了亚当，等等。那么，人到底从何而来？其实，按照进化论的观点，人是地球上的生物在自然选择、进化过程中形成的，历经猿人、能人、直立人、早期智人、晚期智人等阶段。而今，从赤道到两极，从东半球到西半球，地球上凡有陆地的地方大多都有人类活动。

　　也许，在人类的进化过程中，是一次偶然的基因突变改变了智人大脑中神经元的连接方式，使他们开始用前所未有的方式思考，用完全新式的"语言"来沟通。这是一种叫作"虚构"的新能力，这种能力不仅让人类能够想象，还赋予人类团结的力量，使得人群能够紧密协作，创造出新的世界。说到底，智人与其他生物的根本区别就在于会思考、有智慧，随着发展，我们人类最终可以把自己想象的东西创造出来，比如将脑海中想象的图案变成美丽的图画、剪纸、影像，甚至描绘成蓝图并用双手建造出实物。

由于人类占据了几乎所有可以想到的生态位①，人群相互之间不再存在地理上的障碍，人类或许已经进化到了极高的水平，未来将可能不再完全遵循自然规则的进化。

随着时间的推移，人类开始意识到自身发展的局限，有一天竟然异想天开地要去创造智能，终于，人工智能跃然而出！

1955年，美国数学家约翰·麦卡锡联合克劳德·香农（信息论创立者）、马文·明斯基（人工智能大师，《心智社会》的作者）、纳撒尼尔·罗彻斯特（IBM计算机的设计者之一）发起了达特茅斯项目（Dartmouth Project）。第二年夏天，他们接着举办了"人工智能夏季研讨会"，正式启动达特茅斯项目，首次提出了"人工智能"（artificial intelligence，AI）这一概念，正式确立了一个对人类行为、意识和思维过程进行模拟的新科技领域，并将数学逻辑应用到了人工智能的早期形成中。从此人工智能一直以远超人类想象的速度发展着，人类创造的智能体开始伴随在人类左右并逐渐进入人类生活的方方面面。

人工智能的作用在于使智能机器更像人类，具备解决某些特定问题的能力，而为了达到此目的，就需要让机器从数据和经验中进行学习，并要求机器自身具备学习的能力。这种学习不仅能使机器对现存的数据进行识别，还能使机器自己去掌握整个系统的工作规律，从而具有举一反三的能力，对客观存在的随机事物进行有效的辨识和处理，在更多的应用场景中帮助人类更

---

① 生态位（ecological niche）也称生态灶或生态龛位，是指生态系统中的一个种群在时间空间上所占据的位置及其与相关种群之间的功能关系与作用，表示生态系统中每种生物生存所必需的生境最小阈值，是支撑一个物种生存要素的总和，包括食物资源、空间资源、与其他物种之间的关系和其他一切生存条件（如陆地生物的气候因子、水生生物的物理化学条件等）。

2006年达特茅斯会议当事人重聚，左起为莫尔、麦卡锡、明斯基、塞弗里奇、所罗门诺夫

好地理解事物的全貌，并以一种更自然的方式跟周围的情景发生交互。比如，谷歌翻译（Google Translate）的人工智能驱动增强现实的方式可对周围各种事物的标识进行实时翻译，旅游者可以随时便捷地找到想要去的任何地址。

机器学习（Machine Learning）是使计算机具有智能的根本途径，而幂次法则的演进则带来了人工智能在机器识别、计算能力等领域的飞速发展。人工智能最终超越人类的智能时，是否会形成一个新的"物种"并替代人类？人类的未来将会呈现什么样的图景？试想，人类将要做的事情都交给智能机器人去完成，甚至懒得思考、创意，那么人还需要做什么？人的存在还有更大的价值吗？人工智能在完成目标方面非常出色，一旦这些目标与人类的目标不一致，将会使我们陷入困境吗？

著名科学家斯蒂芬·霍金就曾表示，人工智能的崛起将会产生对人类最大、最深刻的影响，将会使人类社会发生不可估量的变化，引发人类文明史上最大的变革。由于人工智能的发展速度快于自然的进化速度，可能会产生自我意识而替代人类。人工智能如果完成了"如怪物般的进化"，那么人类在享受人工智能的便利和好处的同时，或将面临难以预料的威胁。在西方传说中，上帝造人之后，人类背信违约、妄自尊大，越来越不服从上帝的命令和约束，致使上帝后悔当初造了人。那么，人类将来是否也会后悔创造了人工智能？人类能够掌控人工智能的发展，使其不会背离人类的最初梦想吗？

说一千道一万，人工智能飞速发展的脚步势不可挡，人工智能的时代就要来临了！对人类而言，这当中既有无限的向往，也有未知的恐惧。我们必须要看清人工智能发展的必然趋势，认真思考未来，做出正确的预判和应对，发挥高度的创新精神，以极大的创造力为人类开拓一个新的时代！

关于知识的科学——人工智能

知识是怎样被表达的?　　/ 004
知识是怎样被获取的?　　/ 012

人工智能的前世今生

从信息系统、专家系统到人工智能　　/ 031
大数据、算法和智能芯片　　/ 036
专用人工智能和通用人工智能　　/ 039
智能的本质　　/ 044
超人工智能和智能的异化　　/ 054

与人共舞

人工智能就在我们身边　　/ 061
人类新的生存环境和生活方式　　/ 086
人工智能将抢走人类的工作?　　/ 093

人工智能前行的脚步有
止境吗?

人工智能技术的发展态势　　/ 103
人工智能对产业结构的影响　　/ 108

智慧人类终将遭其毒手吗？

人工智能对人类社会的潜在威胁 / 125
人工智能发展的可控性 / 134
人工智能会造就替代人类的"新物种"吗？ / 138
人工智能发展中的道德、伦理与法律 / 147

后记 人类应与人工智能携手共舞

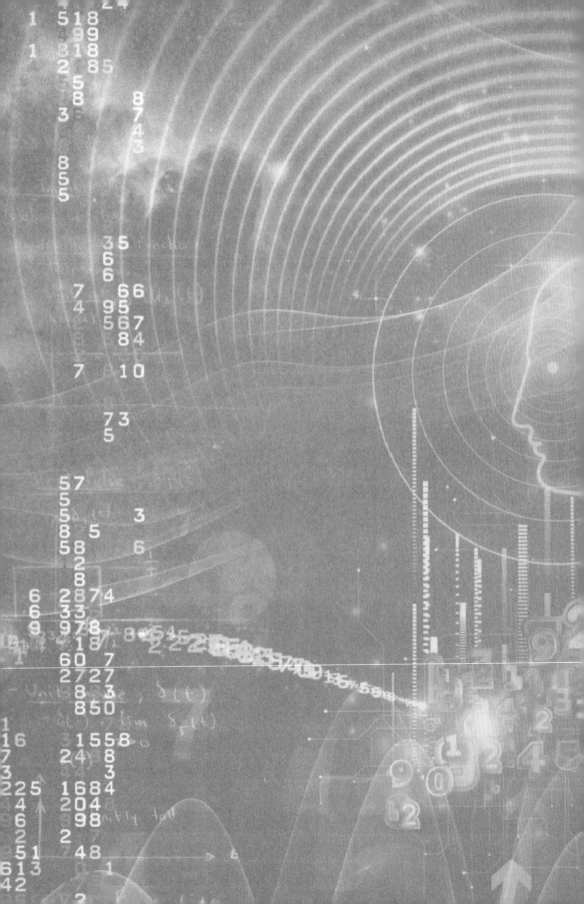

01

关于知识的科学
——人工智能

　　笔者开始着手写这本有关人工智能的通俗读物时，考虑到人工智能对于广大读者来说还很神秘，很多人尚把人工智能看作科学幻想，认为是一种在遥远的将来才可以实现的技术，所以在原先的开篇用了很大的篇幅，列举了一大堆例子，来说明在我们的日常生活中，以及在社会生活的方方面面都已经有了人工智能的实际应用，它已经悄悄地来到了我们的身旁。

　　想不到人工智能的发展竟是如此之快，相关的应用如雨后春笋般出现。广大读者对于人工智能不再陌生，而是对其产生了浓厚的兴趣，看到了生活的美好前景，或许也会隐隐约约地感到某种挑战和威胁。在这种情况下，如果再引用若干实例来介绍人工智能，就显得有些可笑了。因此笔者不得不换一个角度，重新动笔，不再需要过多的铺垫和渲染，单刀直入地和读者们讨论什么是人工智能。从字面上，我们可以想象到，人工智能就是要使机器有类似于人类的智能，能够像人类一样思考和行动。当然，这种直观的想法还不是很严谨的定义，我们会逐步地进行讨论和修正。

　　简单地说，人工智能是关于知识的科学。那么，什么是关于知识的科学呢？我们将分两个方面探讨。首先，知识是怎样被表达的？在人类的头脑里，知识是怎样的一种存在？通过什么样的表达方式能够让机器拥有知识？其次，知识是怎样被获取的？我们人类通过什么方法获取知识？什么样的操作方法才能够让机器从浩如烟海的大量信息中自动获取知识？

　　我们将通过讨论知识如何被表达以及怎样被获取这两个问题，来初步地认识人工智能。至于更深入的思考，如到底什么是人类的智能，能否、如何用人工的方法给机器赋予智能，将放到后文中再做讨论。

知识是怎样被表达的？

人工智能是关于知识的科学。首先我们要问，什么是知识？在我们人类的头脑里，知识是以什么方式存在的？在机器里，又将用什么样的方式来表达知识？

我们在吃苹果时，苹果经过咀嚼后进入胃里，开始被消化吸收，那是不是就得到了关于苹果的各种知识呢？没有。因为我们吃掉的只是一个具体的苹果，并没有形成苹果的概念。概念是对于同一类事物的抽象的认识。张三、李四、王五等，都是具体的个人，对众多具体的个人进行抽象，就得到了关于"人"的概念。苹果是一个概念，这是在我们的头脑里形成的。而我们眼睛看到的，手触摸到的，以及嘴里吃到的，是一个个具体的苹果，它们是苹果这个概念的一个个实例。

在计算机的编程语言里，把概念称为"类"，而某个概念所代表的一个个具体的事物，则被称为这个类的"实例"。一个概念，有许多属性。比如，"人"这个概念，可以有姓名、籍贯、身高、体重、性别等属性。对于一个概念的每一个具体实例，这些属性都有确定的值。比如，张三这个人，他的属性包括：姓名叫张三，籍贯是北京，身高为1.80米，体重为75千克，性别是男性，等等。概念的属性里有一种特别重要的属性，叫作关系。一个概念和另一个概念之间，或者一个概念和它的实例之间，都可能存在某种关系。比如，人的概念和汽车的概念之间可以建立一种乘坐的关系；人这个概念和白种人、黄种人、黑种人的概念之间存在着包含的关系。概念和概念之间的关系，可以形成非常复杂的结构。这种结构化的概念体系，也算是我们人类对世界认知的一种形式。

说到这里，我们就明白了人类的知识是一个复杂的结构。这个结构的每一个节点，就是一个概念，而结构节点之间的联系，就是概念和概念之间的关系。在某种条件下，在某个范围里，我们人类的知识是相对正确的。缺少了这些条件，超出了这个范围，知识往往就是"不正确"的。比如，我们知道，一般的物体都会热胀冷缩，但是如果在0~4℃，水却会表现出冷胀热缩。这就是知识正确的相对性。还有许多知识，我们可以确切地对其进行描述，比如2+3=5，一点都不会含糊。但是，更多的知识是不能被确切地描述的，例如，天气预报是以概率的形式描述的。还有一些事物本身就是不确定的，如分子的布朗运动，当然也不能够确切地予以描述。这样的知识就表现出一定的模糊性。

一个概念，有它的内涵和外延。什么是概念的内涵呢？内涵就是指这个概念代表的事物所共同具有的本质属性的总和。在表述一个概念 A 的时候，一般可以先举出一个更大的概念 B，再说出这个大概念 B 中的某一类特殊事物的共同性质，这一类特殊的事物就组成了概念 A 的外延，而它们的共同性质就是概念 A 的内涵。比如，要建立圆的概念，我们可以说：在平面上，到一个固定点的距离是一个常数的点的轨迹就是圆。这种对于轨迹的描述，就是圆这个概念的内涵。而在三维空间，具有这种性质的点的轨迹，是一个球面。什么是概念的外延呢？外延就是指这个概念所确指的对象的范围。举例来说，"人"这个概念的处延是指古今中外一切的人。许多概念的外延并不是有限的。比如，自然数这个概念的外延是 1，2，3，4，5……以至于无穷。概念的内涵和外延，不一定能够确切地被描述，在许多情况下，它们都是模糊的。比如，关于大小、轻重、冷热、快慢等概念的内涵和外延，就都是模糊的。

我们可以通过描述概念的内涵，或者界定概念的外延，来建立一个概念。用这种方法建立的概念是经典的概念。但是在日常生活中，我们使用的许多概念却很难用这种方法来建立。比如，我们都知道美人指什么，但是却很难说清达到什么样的标准就是美人。通常，我们可以给这种概念找一个典型，如把奥黛丽·赫本作为美人的典型，越接近于典型的事物越符合它代表的概念。但是作为概念的典型不一定能够找到，或不一定值得去找，有时候也可以通过某个概念的几个实例来建立概念。比如，你在动物园里见到了一只长颈鹿，你会说："哦，这就是长颈鹿呀！"你就通过一个实例建立了长颈鹿的概念。

当然，概念并不是孤立的，它是我们的知识结构的一个节点。而我们的知识结构，则是从属于某种文明。在一种文明里被认为是天经地义的事情，在另一种文明里或许被认为是匪夷所思的。一种文明里所认为的美味珍馐，在另一种文明里人们却可能难以下咽。

怎样表达知识，可以归结为怎样表达概念。表达概念的方法有许多种，如古典的产生式表示法和嗣后发展的框架表示法、状态空间表示法，以及现代的知识图谱表示法。

产生式表示法

如果通过一个公式或者一个逻辑命题，得到一个概念，那么这种概念的表达方法，就称为产生式表示法。比如，我们说人都是会死的，苏格拉底是人，所以苏格拉底也是会死的。我们通过逻辑推理，表达了"苏格拉底会死"这么一个概念。产生式表示法，也可以表达一些模糊的概念。比如，我们在土壤里种下了一粒豆子，土壤有了适宜的水分和温度，那么这粒豆子就会长出豆苗来。但是这个概念并不是完全确定的，而是以一定的概率存在的，这个概率就是豆子的发芽率。

用产生式表示法可以构造一个人工智能系统。这个系统里用到的所有的产生式构成了规则库；另外还有一个综合数据库，存储着事实所表达的概念。推理机在控制器的程序控制下，从综合数据库里取出初始条件，与规则库里的产生式相匹配，将推导出来的结果作为事实放到综合数据库里。然后，推理机再从综合数据库里取出事实，与规则库里的产生式相匹配，再将推导出来的结果放到综合数据库里。推理机不断地重复这个过程，直到推导出最后的结果。

用产生式表示法来表达概念，不能建立概念与概念之间的关系，从而就不能得到结构化的知识。所以，产生式表示法所表达的知识是非结构化的。而人类的知识是结构化的，因此用产生式表示法来构造的人工智能系统，在模拟人类的智能方面就存在着一个先天的缺陷。我们有必要寻找新的表达方法。

框架表示法

一种结构化的知识表达方法称为框架表示法。框架表示法为每一个概念建立一个框架，这个框架类似于我们填写个人简历的那种表格。在这个框架里，概念有一个名称和若干属性。例如，对于"老虎"这个概念，它的名称就是老虎。它的属性里，最重要的一个属性是指明老虎的概念与猫科动物的概念之间的关系，即老虎是属于猫科动物的，老虎的概念继承了猫科动物的概念的所有属性。（当然，如有特殊之处，也是允许排除的。）然后，则是列举老虎有别于其他猫科动物的各种属性，如体型、花纹等。最后，还要列出老虎的概念与华南虎、孟加拉虎等概念之间的关系，即包含的关系，以便属性的传承。

在概念的框架表示法里，属性的表达叫作"槽"，属性的值就叫槽值。一个槽可以有二级结构，叫作"侧面"。因为框架表示法可以表达概念的属性，包括最重要的属性即概念和概念之间的关系，所以，框架表示法可以把概念和概念互相连接起来，形成复杂的知识结构。我们说，框架表示法是结构化的知识表示法。框架表示法，可以在框架的一个槽里，放置另外一个框架的概念名称，从而建立起知识的层次结构。用这种方法，可以处理非常复杂的知识体系。

状态空间表示法

另外一种结构化的知识表示法叫作状态空间表示法。我们拿魔方来做例子。魔方的每一个状态，各个色块都有不同的分布。我们玩魔方时，从色块被打乱的某一初始状态，转动一下就变到另一个状态，经过一系列的状态的过渡，达到同一个平面同一种颜色的最终状态。还有一种叫作"华容道"的游戏。玩游戏的人要从初始状态，经过一系列状态的过渡，最后把"曹操"从"华容道"放出来。状态空间表示法里边，各种状态的变化可以用树形的图来表示。我们把状态看成树形图的一个节点，把状态的转移表示为图中节点的连线。求解状态空间问题时，如果要遍历所有的节点和连线，是非常繁复甚至是不可能的。实用的解决方法，是把对解决问题的贡献似乎比较小的节点和路径剪除掉，而试图寻求比较可能解决问题的路径，以期从速达到最终的节点。

知识图谱表示法

我们人类的知识是结构化的。这种知识的结构，是由概念、概念的实例和它们的关系所组成。互联网上的信息浩如烟海，为了更好地理解和管理这些信息，我们有必要使用结构化的表达方式。把互联网上的信息作结构化的表示，这种方法称为知识图谱表示法。

知识图谱是用本体知识表达的。所谓本体，是研究存在的一个哲学术语。本体包括概念、概念的实例（或者称实体），以及概念和实体彼此之间的种种联系。本体知识的表达，必须为机器所理解和接受，所以它具有以下几个特点。首先，本体对客观世界中的事物和现象，以及它们的关系，都作了概念化的抽象。其次，本体中的概念关系及它们的各种约束，都可以被精确地定义。同时，本体的表示是形式化的，能够为机器所理解和执行。最后，本体的表示是统一的，便于不同系统之间的交流和共享。

通过本体知识的表示，互联网上的信息就形成了知识图谱，不再仅仅是一串串不能被机器所理解的字符。知识图谱注重于字符串所代表的内容的意义，使其得到机器的理解。这样，互联网就变成了一个语义万维网。以前，我们在互联网上搜索一个关键词时，得到的是包含这个关键词的许多网页。至于这些网页是什么内容，就只好人工判断了。在语义万维网上建立知识图谱之后，我们再搜索某一关键词时，得到的是这个关键词所表达的概念或实体和这个概念或实体的种种属性，以及这个概念或实体与其他概念或实体的关系。例如，我们搜索"《最后的晚餐》的作者"，所得到的并不是以"《最后的晚餐》的作者"为关键词的若干网页，而是得到达·芬奇这个实体，同时列出达·芬奇是哪里人、他的生卒日期、他的主要成就和活动等许多信息，而且通过实体与实体之间的关系来列出他的主要作品，还有许多和他有关系的人的名字等相关内容。

在互联网上，用以定义网页的是超文本标记语言。而为了表达本体知识，让机器理解语义，我们发展出了可扩展标记语言、资源描述框架，以及网络本体语言。

超文本标记语言通过使用统一资源定位符（即网络地址），把分布在世界各地的服务器和计算机里的各种文本连接成为一个"超级文本"。这样，通过互联网就可以查找到世界各地的各种文本里的内容。但是机器还无法理解这些文本的内容，不能进行推理和获取知识。

可扩展标记语言使用一对标签（两个标签配成一对，就像使用一对括号一样）把文本内容作为元素包括起来。在标签里，可以使用键值来表示元素的属性。标签和它包括起来的元素，又可以作为一个元素被包括在高一层的标签里。也就是说，标签是可以一层一层地嵌套的，而标签的名字是随意的，这样就可以具有扩展性。可扩展标记语言能够实现一个树形的结构，使互联网上的文本结构化，形成知识。但是标签的使用带有相当大的随意性，同一个内容可以有许多不同的表达方式，这就给机器的理解和不同系统之间的沟通带来困难。所以它需要改进，以对内容作准确描述，这就是资源描述框架。

资源描述框架把知识图谱表示法中的概念、实体和关系都称为资源，然后给资源规定了一个统一资源标识符。这样，同一个事物在网络上就有了唯一的标识，便于机器的理解和计算。资源描述框架使用一种陈述句来建立资源之间的关系，并且规定了这种关系的可继承性，以及它们的约束条件，从而把互联网上的数据链接起来，形成机器可以理解和处理的知识图形结构。

网络本体语言是资源描述框架的进一步发展，它是一种描述逻辑的本体语言，它的构造函数是受限的，因而逻辑推理的结果是可预期的。网络本体语言明确描述了属性的定义域和值域，在给定的条件和范围内保证了推理的正确性。

要在网络上建立知识图谱，首先要给概念及概念之间的关系建立起一个模型。这项工作叫作建模，通常是由人工进行的，也可以由机器自动建模。建模包括确定概念的名称，概念有哪些属性，这些属性的定义域和值域是什么，概念之间的关系如何，特别是概念和概念之间的层次关系等。在给概念建模之后，就要给概念的实例填充数据，即写上实例的具体名称，给它的各个属性赋值，以及建立实例和实例之间的关系。这个过程有由人工操作的，也有由机器自动抓取数据的，这是一个知识获取的过程。接下来，我们必须解决对知识的储存和索引的问题，也就是知识管理的问题。然后，知识就可以得到应用，或者叫作知识赋能。

知识是怎样被获取的？

我们已经讨论了知识是怎样被表达的，现在要来讨论知识是怎样被获取的。有人有这样的疑问：既然知识已经被表达出来了，就表明知识已经存在了，为什么现在还要探讨知识的获取，好像知识还不曾存在似的？

知识的表达，就好像树上的苹果，已经挂在枝头了。而知识的获取，就好像我们从树上摘取苹果，再将它们存放在小篮子里。又好比，四通八达的高速公路网已经修建好了，但是如果要从上海开车到济南，我们则需要使用导航软件来规划一条便捷的路线。所谓知识的获取就是我们从结构化的知识中，获取我们所需要的知识，生成新的知识。

在本节，我们首先将阐述通过哪些搜索技术来获取新知识，介绍通过模拟动物族群的活动得出的获取知识的群智能算法，之后会谈到如何让机器通过学习自主地获取知识，最后，我们将讨论模拟人类神经活动的机制以获取知识的神经网络。

盲目的搜索方法

知识获取的一个基本方法是利用搜索技术。比如，我们来到一棵苹果树下，成熟的苹果已经挂在树上了，我们希望采摘到其中最大的一个苹果，于是我们就用眼睛在树上来回察看，也许还会进行比较，最后把我们认为最大的一个苹果采摘下来。

另一个典型的例子是探索迷宫。对于迷宫里的道路，我们是一无所知的。我们从迷宫的入口往里走，在遇到岔口的时候，选择左边的道路，然后接着往前走，再遇到岔口时，继续选择左边的道路，这样一直走到死胡同时才折返。我们回到岔口处，选择进入右边的道路。如此反复地搜索，将有可能穷尽迷宫里的道路，而在穷尽所有道路前的某个时刻，我们就可能找到出口，完成对迷宫的搜索。

在这个搜索的过程中，我们对于迷宫中的道路是一无所知的，在遇到一个岔口的时候，应该怎么选择，我们也是一筹莫展的。也就是说，我们的搜索是盲目的。而在搜索的过程中，我们不断地深入，直到碰到死胡同才返回。这样的搜索方法就是盲目的深度优先的搜索方法。在盲目的搜索方法中，还有一种是宽度优先的。比如，我们打开地图，要找到一家饭馆吃饭。我们先从距离最近的一圈饭馆找起，如果没有合适的，就找远一些的，如仍没有合适的，就再找更远的一圈。这样的搜索方法就叫作盲目的宽度优先的搜索方法。盲目的搜索方法一般用于解决规模比较小的问题，如传教士和野人渡河问题、四皇后问题、九宫格问题等。

启发性的搜索方法

盲目的搜索方法的效率是比较低的。随着问题复杂程度的提升，我们有可能无法遍历所有的状态去找到问题的解。或者因为耗时过长，失去了解决问题的意义。于是我们想到是否可以一边搜索，一边对搜索方向的好坏进行评估。使用系统相关的信息对搜索过程的好坏随时进行评估，这样的搜索方法叫作启发性的搜索方法。

正如同所谓的"摸着石头过河"，我们站在一块石头上，向四周摸索下一块石头，这时我们会注意水的深浅，选择河水较浅处的一块石头，一步一步地逐渐摸索着过河。启发性的搜索方法有较高的效率，可以解决较为复杂的系统的问题，是一种实用的方法。

在网络上，有人和机器下棋的游戏。机器和人类顶尖棋手的博弈，一次又一次地引起世人的瞩目。从最简单的跳棋，到国际象棋、中国象棋，直至最复杂的中国围棋，机器都成功地战胜了人类最顶尖的棋手。这里，机器所使用的就是启发性的搜索方法。谷歌的 AlphaGo（阿尔法围棋）还将深度学习的方法引入到蒙特卡洛方法（Monte Carlo method）中，设计了一个策略网络用来评估可能的落子点，还设计了一个估值网络来对棋局的胜负可能进行评估，这样就可以在极短的时间内，十分高效地对非常复杂的棋局进行计算，找到最可能获胜的博弈方法。

群智能算法

知识获取的另一个主要方法是群智能算法，这是受到生物界成功生存的策略启发而产生的一种算法。生物为了适应环境的变化而不断地进化，找到自身的生存之道。可以看到，在一个生物种群里，某些个体的智能并不是很突出，但当它们聚合成为一个群体的时候，却会创造出许多奇迹。例如，蜜蜂能够建造出非常符合科学原理的蜂巢，蚂蚁的巢穴也非常复杂且符合科学原理。凡此种种使人们对群的智能产生了许多期待，进而研究出了群智能算法。目前，得到广泛应用的群智能算法有遗传算法、粒子群优化算法和蚁群算法。

（1）遗传算法

遗传算法基于达尔文的生物进化论。生物进化论告诉我们，在一个生物种群里，能够适应环境的个体将有更多的生存机会，且有更大的可能得以繁殖后代，使得它们优良的性状得以遗传下来；而不能适应环境的个体，则会为环境所淘汰。在这个过程中，生物还会发生变异。变异后能够适应环境的部分将开拓生物进化的新方向，使得物种更具多样性，而且使后代的性状更加适应环境。

遗传算法先把要解决的各种科学问题和工程问题映射为生物的进化问题。因为我们所要处理的知识是结构化的，所以可以把它们变成一串代码，类似于生物的染色体。这个预处理的过程叫作"编码"。编码后，我们就可以正式进入遗传算法了。我们先设定群体的规模，群体中一般包含一两百个个体较为适当，规模太小有可能以偏概全，规模太大则会增加计算量。然后，我们给这个群体作初始化，也就是给每一个个体的染色体编码赋值，可以随机赋值，也可以按照经验赋值。接下来就可以做优胜劣汰的选择了。先建立一个适应度函数，来表示个体对于环境的适应能力。然后根据个体的适应度来选择繁殖亲体，适应度较高的个体被选入的概率较大。选择后，作为留种的个体将进行交叉。进行交叉的两个个体各贡献出一部分染色体，制造出性状互补的两个新生个体，加入群体之中。随即，适应度最低的两个个体被宣布死亡，退出群体。在进行交叉、产生新个体的过程中还要引入变异，以随机地改变新生个体的部分染色体编码。变异不能过于急剧或迟缓，一般以 1‰ 左右的概率为宜。遗传算法是一个非常有用的算法，能够从大量结构化的知识里高效地找到全局最优的结果。

（2）粒子群优化算法

粒子群优化算法是受鸟群飞翔的启发而产生的。在粒子群优化算法中，我们把每一个个体想象为一个粒子。在多维空间里，每一个粒子都有它的位置，同时每一个粒子都有它的速度（就像天空中的每只鸟都有它的位置和速度）。

在进行计算的时候，每一个粒子会保持一定的惯性，以加权的方式影响下一个时刻的速度（鸟的飞行是有惯性的，会影响下一个时刻的速度，但是这种影响会被施加不同的权重）。

对每个粒子的位置的情况，有一个适应度函数来进行评估。粒子当前位置与其历史上最好位置的差距，以加权的方式并按照一定的概率随机地影响下一个时刻的速度（鸟的位置也有优劣之分，可以用一种叫作适应度的函数来评估其位置的好坏。再考虑鸟的当前位置与历史上的最佳位置的相差有多大，比较的结果以加权的方式并按照一定的概率去影响鸟的下一个时刻的速度）。

粒子当前的位置与整个群体曾经的最佳位置的差距，也以加权的方式并按照一定的概率随机地影响下一个时刻的速度（整个鸟群也有一个总体的位置，一只鸟的位置与鸟群历史上最佳位置的差距，也以加权的方式，按一定的概率，去影响一只鸟下一个时刻的速度）。

如果经适应度函数的评估，一个粒子当前的位置比它历史上的最佳位置还好，那么就用当前位置来替代历史上的最佳位置。群体的最佳位置也以同样方式替代（无论是一只鸟，还是整个鸟群，如果其当前的位置好于历史最佳位置，那么就用当前的位置替代历史最佳位置。总之是越来越好）。

这样多次、不断地调整每一个粒子的位置，才能寻找到整个群体的最优解（按照这样的方法，一遍遍地计算，最后达到工程上一个足够令人满意的结果）。

粒子群优化算法是一种很优秀的算法，在生产流程、调度、产品设计、图像处理、医学诊断等许多领域都有广泛的应用（这个算法好像很深奥，其实在鸟群、鱼群、羊群中都有相类似的规律，如果好好地学习、研究这种规律，会发现它可以用在许多重要的领域）。

（3）蚁群算法

蚁群算法是受到蚂蚁觅食行为的启发而提出的一种知识获取的方法。蚂蚁在觅食的过程中，会在它爬过的路上遗留下被称作信息素的化学物质。信息素能够吸引其他蚂蚁，改变它们的行动路线，而使整个蚁群的觅食路线最短。在蚁群算法中，当一只蚂蚁从一条路径上爬过的时候，这条路径的信息素就会增加，而如果没有蚂蚁爬过，那么随着时间的推移，信息素将会渐渐减少。在某个时刻，如果一只蚂蚁面前有多条路径可供选择，那么这只蚂蚁爬上某条道路的概率将受到这条道路上的信息素的强度和下一个目标的距离的影响，这条道路上的信息素越强，下一个目标越近，那么这只蚂蚁选择这条路径的概率就会越高。

蚁群算法考虑到了全局的所有路径和蚁群里的所有蚂蚁，经过多次迭代，才能找到一条最优的路线。蚁群算法在旅行商问题、调配问题等许多方面都有广泛的应用。

前面我们介绍的这些人工智能获取知识的技术，包括各种搜索方法和群智能算法，主要的都是由人工编程，然后通过机器的计算获取新知识。我们更感兴趣的是如何让机器自主地学习知识，以及如何模拟人类的神经网络来获取知识。

机器学习

机器学习使人工智能的发展上了一个新的台阶，是一项非常了不起的成就！以往，知识的获取都是经人工编程之后，机器按照人工设定的步骤和方法来获取知识，而机器学习则是在给机器提供一个学习模型之后，机器能够对现有的数据和知识自主地进行分析和抽象，建立起知识的新模型，估计模型的参数，从数据和原有的知识里挖掘出对人类更有价值的知识。其结果是能够利用原有的知识和经验使得机器系统得到自我改善，变得更加"聪明"。

建立在大量数据基础上的统计学和计算机科学的融合，给机器学习提供了强大的动力。与此同时，深度学习也给机器学习带来了全新的面貌。目前，机器学习包括有监督的机器学习、无监督的机器学习和弱监督的机器学习。

（1）有监督的机器学习

有监督的机器学习是机器学习中最重要的一类方法。机器学习的对象是一个数据集，这个数据集里有很多样本，每个样本都有若干特性。机器学习的结果是可以根据样本的特性对样本进行分类。举例来说，一个旅游团中的游客来自天南海北，操着不同的口音，穿着不同的服装，也有不同的饮食习惯，带团的导游在接触这些游客时，能够根据他们的这些特性分辨出谁是河南人、谁是陕西人、谁是江苏人。如果要让机器来做这样的分类工作，就需要输入数据库里各个样本的种种特性，让机器根据这些特性建立起一个模型来做判断。刚开始时，机器可能判断得不是很准确，如果发生错误就进行反馈，让它逐渐地修正这个模型，经过多次反复，这个模型会逐渐地得到完善。这种已知输入和输出的对应关系，通过反馈来不断地训练机器的方法，就叫作有监督的机器学习。

有监督的机器学习方法有100多种。其中有一种方法是根据样本特性的相似程度来判断样本的类别。比如，在样本人群中寻找与某个人的口音、生活起居的各种习惯最为接近的，结果是河南人最多，陕西人少一些，江苏人更少，那么就判定这个人是河南人。假设在一个小组里有12个人，已知其中有 3 个河南人、4 个陕西人、5 个江苏人。有一个待观察的对象来到这个小组，不知道他是哪里人，从说话的口音、生活起居的习惯来看，小组里边的每个成员和他都有某种程度的相似。按照相似的程度从高到低，把小组里边的 12 个人排列成一个序列：

H，J，H，S，S，J，S，H，S，J，J，J

其中，H 代表河南人，S 代表陕西人，J 代表江苏人。取最相似的前 K 个人来作判断，这种方法叫作 K-近邻算法。如果取 $K=3$，则有 2 个河南人，1 个江苏人，可以判断待观察的对象像河南人。如果取 $K=7$，则有 2 个河南人、2 个江苏人、3 个陕西人，又可以判断待观察的对象像陕西人。可见，近邻算法的结果随 K 值而变化不定，而且计算量较大，不是一个理想的算法。

另一种有监督的机器学习的方法叫作决策树法，有点类似于植物学中分类所使用的二叉树的方法。拿到的一个样本，相当于二叉树的根节点。首先，根据样本的某一个特性，判断它属于哪一个（这个或那个）一级节点。然后，再根据样本的另一个特性，判断它属于哪一个（这个或那个）二级节点。之后，再根据样本的又一种特性，判断它属于哪一个（这个或那个）三级节点。如此继续做二叉树形的判断，最后判断出这个样本属于哪一类。决策树的方法比较直观，便于理解，经过不断的训练，决策树的模型会变得越来越好。决策树的缺点是，当样本的特性不那么明显时，它的判断能力就会下降。

还有一种有监督的机器学习的方法叫作支持向量机。这种方法有点类似于用一块木板把一个水池隔开，一边养草鱼，另一边养鲤鱼。用数学的语言来说，就是在一个空间里，用一个超平面把它分隔开，这个超平面一侧的样本是一个类型，另一侧的样本是另一个类型，要求两侧的样本与这个超平面的距离都尽量地远。距离超平面最近的几个训练样本的点就叫作"支持向量"。如果在一个空间里，不能用一个超平面把样本分割成为两类，那么可以把这个空间映射到另外一个高维的空间，使得样本在高维空间里能够用一个超平面分隔开来。太阳照在树上，把树影投射在地上，许多叶片的影子都重叠在一起，但是如果你抬头看看树上那些叶子，它们却是分开的。这就是低维空间和高维空间的关系，在低维空间重叠的东西，在高维空间有可能是分开的。

（2）无监督的机器学习

无监督的机器学习与有监督的机器学习不同，数据集里的样本不再需要人工来贴上标签，以说明它属于哪一类，而是由机器根据样本的特征来进行分类。

一种无监督的机器学习的方法叫作聚类法。首先，人工告诉机器这些数据需要分成多少类，然后机器就根据数据集里的样本特征之间的相似程度对样本进行分类。所谓相似程度，就是说一个样本的特征和某一类特征之间差别的大小，或者说距离越近越相似。对于什么叫差别小、距离近，人们会有不同的理解。我们通常所说的两点之间的距离，是用尺子等工具来度量的，这样的距离叫作欧几里得空间里的距离。但有时我们也会比较声音的大小是否相似，光的强弱是否相当，以及两个物体的温度是否相近。这样的相似性是指能力大小的相似性，是用某个量的平方来表示的。例如，我们人类的耳朵会依据声音的能量来分辨声音的大小，不是比较声音波形振幅的大小，而是比较波形振幅的平方的大小，波形振幅的平方就反映了波的能量。当然，关于相似还有更加复杂的表达方式。比如，颜色是否相似，可能会牵涉到混色的理论；再比如，要把声音分成男声、女声、童声等，则可能牵涉到频谱的结构。

所谓"物以类聚，人以群分"，对于无监督学习的聚类方法还是比较容易理解的。但是这种算法也有一定的问题，如果对类别数量的设定和计算初始位置的选择不同，则会导致分类结果大相径庭。比如，让机器把一群人分成两类，它可能按照口音分成河南人和山东人，也可能按照性别分成男人和女人。机器计算的结果和我们的预期可能存在很大的差距。

还有一种无监督学习的方法叫作自编码器。机器里有一个编码器和一个解码器，把数据输入机器的时候，编码器就把数据变成特征码，然后机器又可以用解码器把特征码还原成数据。经过多次的训练，编码器和解码器会逐渐完善。原始的数据与恢复后的数据保持高度的一致性，同时使得特征码的数据量不太大。但如果只是这样变来变去，并没有什么意义。不过我们稍作变化，也可以找到应用的场合。比如，一张老唱片中的录音资料非常宝贵，但由于年代久远，当时的录音技术还比较粗糙，录音中掺杂了许多的杂音。这时，我们就可以用编码器把录音转变成特征码，再去掉特征码里代表杂音的成分，然后用解码器恢复音频，就可以把杂音去掉了。再如，经过编码后，特征码的数据量如果比原始数据小很多，那么就可以把这种方法作为数据压缩的一种手段。

（3）弱监督的机器学习

弱监督的机器学习介于有监督的机器学习和无监督的机器学习之间。与有监督的机器学习相比，弱监督的机器学习所标注的数据数量比较少，或者标注的信息不完全、不精确，这样可以节约标注的人工成本和降低标注的难度；而和无监督的机器学习相比，弱监督的机器学习的性能有较大的提高。弱监督的机器学习的种类也很多，包含半监督学习、迁移学习和强化学习等。

半监督学习的方法只需要少量的人工已标注的数据，同时给予机器大量的未标注的数据进行训练。在训练的过程中，把数据看作数据结构图上的一个节点，而数据之间的相似程度则用节点之间的连线表示。已标注的数据以较大的概率把标签传递给相似的数据。训练完毕之后，相似的节点归并到同一类里，完成了标签的传播过程。半监督学习的方法在医学、社交网络分析、文本分类等领域有着广泛的用途。

迁移学习的方法让机器具有举一反三的能力。如果在一个领域里通过机器学习对样本做了标记，得到了样本的特征，并训练好了数据的模型，现在要把机器学习在一个领域里获取的能力迁移到另一个陌生的领域，可以在两个领域里找到相似的数据给予较高的权重，进行样本的迁移，也可以找到两个领域里特征相似的样本，进行特征的迁移。然而，最好的方法还是模型迁移。把一个领域里训练好了的模型迁移到另外一个领域，再用少量的数据进行训练，就可以把模型应用到新的领域。迁移学习的方法在图像识别、机器翻译等方面有广泛的应用。

强化学习是一种比较特殊的弱监督学习方法。在强化学习的过程中，机器随机地进行探索，尝试各种新的动作。机器的探索和尝试如果产生了积极的结果则给予奖励，否则给予惩罚。通过奖励和惩罚，使机器学会行为的策略。AlphaGo 成功应用强化学习的算法，战胜了人类的顶尖棋手，引起了广泛的关注。强化学习的方法在自动控制、网络通信、神经科学等领域都有非常广泛的应用。

我们谈到的这些人工智能获取知识的方法，从搜索技术到群智能算法，再到机器学习，都是对人类智能的一种功能上的模拟。比如，人们制造、改进的汽车在平路上能够快速飞奔，但是在崎岖的道路上，汽车的运动功能就受到了很大的限制，毕竟没有任何一种动物是靠轮子来运动的。在人们研究了动物四肢的运动原理之后，就从结构上对其进行模拟，造出了长着"腿"的机械。比如，长着 4 条"腿"的机械狗和长着 8 条"腿"的机械蜘蛛。那么人类的大脑是怎样运作的呢？能不能在结构上让人造机器模拟人类的智能呢？随着神经科学和脑科学的发展，人们对于人类的智能机制有了一定的了解，由此在结构上让机器对人脑进行模拟，这就是我们下面要谈到的人工神经网络和深度学习。

人工神经网络

神经元是人类大脑的重要组成部分。每个神经元的结构都不太复杂，但是人类大脑里面的神经元的数量极其庞大，达到 10^{11} 量级。每个神经元都和周围的神经元相互连接。这样，不太复杂的神经元通过连接，形成了大脑极其复杂的结构。这样的结构支撑着人类的智能。

神经元是一大类高度分化的细胞，每个神经元的主体部分由细胞核、细胞质和细胞膜等组成，在这个细胞体上长出了许多树突，以便和周围的神经元相连接。另外，细胞体还长出一条长长的轴突，可为细胞体直径的 100 倍。在轴突末梢长出许多分支，以便和远处的神经元相连接。神经元轴突末梢与其他细胞的连接个数从 10 个到 10 万个不等。

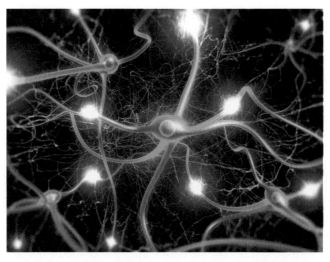

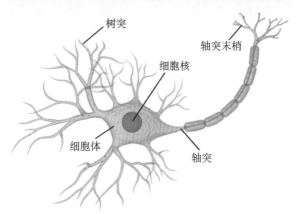

神经元细胞示意图

　　神经元处于抑制或兴奋两种工作状态之一。树突是神经元的输入端，当其输入的脉冲大于某个阈值的时候，神经元进入兴奋状态；而当脉冲下降到低于某个阈值的时候，神经元进入抑制状态。轴突末梢则把神经元的状态传递给其他的神经元。

　　神经元的结构比较简单，而由神经元所组成的神经网络，其结构却极其复杂。神经网络可以看作是分层的，由许多层的神经元所组成。处在某一层的神经元，从前一层的神经元那里得到输入信号，再经过自己的加工和处理之后，输出到下一层的神经元。如果神经信号是一层一层地向后传递的，那么就把这个神经网络叫作前馈型的神经网络。而如果把某一层输出的神经信号引回到前面某一层的输入端，那么就把这种神经网络叫作反馈型的神经网络。

模拟前馈型神经网络的算法叫作 BP 神经网络算法。BP 神经网络算法是一个多层结构的算法，每一层都有众多的神经元。第一层是输入层，在输入层的每个神经元输入一个信号，这些神经元对输入信号进行变换后，把信号输出到第二层的各个神经元的输入端。第二层的神经元接收了信号之后，将其变换，输出到第三层的各个神经元的输入端。以此类推，最后一层是输出层，输出层的每个神经元接收前面一层的各个神经元的输出信号，而后综合予以输出。除了前面的输入层和后面的输出层之外，BP 神经网络中间的各层叫作隐藏层。

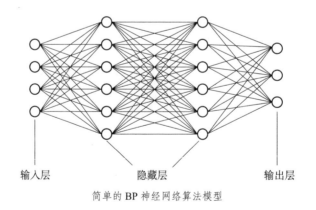

简单的 BP 神经网络算法模型

BP 神经网络算法可以通过人工智能的神经网络芯片来实现。给智能芯片的输入端提供一个样本集，在其输出端就可以得到一个样本集，如果与期待的样本集有差异，则对各个神经元输入端的加权值进行修改，以获得最优的结果。很明显，BP 神经网络算法是有监督的学习算法，它在求最优解问题的时候，从初始状态逐渐变到最优状态的收敛速度比较慢，而且容易陷入局部最优，得不到全局的最优解。BP 神经网络算法的隐藏层不能太多，以免影响了它的性能和应用。为此，我们需要对其进行改进，增加隐藏层的层数，也就是深度，这样的神经网络被称为深度神经网络。

卷积神经网络就是一种深度神经网络。利用一个滑动的滤波器来提取图像的特征，这种运算是数学上的卷积运算。卷积神经网络包含很多层，每一层都可以对上一层的数据进行提取特征的操作。这样一步一步地抽象，最后得到一个概念。例如，我们对一幅图像进行一步一步的抽象，最后形成了"图像风格"这样一个非常抽象的概念。然后，可以让另外一幅图像变成兼具这幅图像的风格和原有图像的形象的一幅新图像。卷积神经网络在图像处理的各个领域，特别是人脸识别上，取得了巨大的成功。

还有一种道理并不深奥而功能强大的深度神经网络，叫作生成对抗网络。生成对抗网络里包含一个生成器和一个判别器。生成器根据特征来生成样本，而判别器则对样本的特征进行判别。两者互相对抗，使得整个系统的性能逐步提高。例如，判别器根据一张人像照片，提取出照片中人的相貌特征，如脸型、胖瘦、年龄、五官特点等。而相反，如果给出人的相貌特征，生成器则能生成具有这些特征的相片。如果经判别，生成器生成人像的特征不尽相同，则要求生成器进行改进。如此，生成器和判别器进行对抗，反复训练，最终生成符合要求特征的相片。生成对抗网络经过训练后，能够根据文本来生产所需要的图像，也能够根据要求生成各种文本，如新闻报道、学术报告、诗歌、歌词等。

02

人工智能的
前世今生

现如今，人们对"智能"这个词是再熟悉不过了。目光所及，似乎到处都离不开智能，小到人们整日不离手的各种智能手机，大到智能小区、智能校园、智能社会。人工智能已经渗透到人类社会的各个角落，几乎无处不在、无所不包了。那么，人工智能到底是怎样发展起来的？人工智能的主要技术基础是什么？如何界定人工智能？还有，媒体上令人忧虑的智能的超越和异化问题又是怎么回事呢？

从信息系统、专家系统到人工智能

1956 年，在达特茅斯学院召开的一个夏季讨论班上，以约翰·麦卡锡等为首的一批富有远见卓识的年轻科学家在一起聚会，共同研究和探讨用机器

"人工智能之父"约翰·麦卡锡

模拟智能的一系列有关问题，并首次提出了"人工智能"这一术语，标志着人工智能这门新兴学科的正式诞生。

人工智能领域必不可少的基础工具是电子计算机。电子计算机是 1941 年在美国和德国同时出现的。计算机以信息为工作对象，具有对信息进行存储和处理的功能。原始的计算机体积极其庞大，而且如果想要改变处理信息的程序，就要更改复杂的电子线路。后来，程序也可以像数据一样被记录在存储器里了，随着电子器件的进步，计算机的体积逐渐缩小了。

美国的应用数学家诺伯特·维纳不但创立了信息论，而且建立了系统的反馈理论。在 20 世纪 50 年代初，人们在反馈理论的基础上建立了各种自动控制系统，用于控制环境温度、控制水位、控制速度和位置等。自动控制系统是人工智能迈出的第一步，它使得机器看起来好像会思考了。

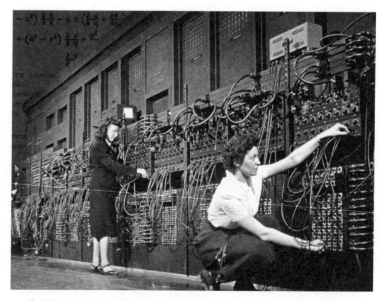

美国宾夕法尼亚大学莫尔电子工程学院的电子数字积分计算机（ENIAC）
是全世界最早的通用电子计算机之一

1955 年末，艾伦·纽威尔和赫伯特·西蒙编写了一个名为"逻辑理论家"的程序。该程序能够在解决问题的各个路径中选择最具潜力的路径，被认为具有一定的智能，是人工智能发展过程中的一个里程碑。1956 年，在麦卡锡等提出了"人工智能"这一概念之后，一些大学纷纷设立了人工智能研究中心，寻求更有效的算法，包括进一步优化"逻辑理论家"程序和建立具有自学习功能的系统。1957 年，"逻辑理论家"的开发团队推出了新程序——"通用解题机"（GPS）。这个新程序扩展了维纳的反馈理论，可以解决很多常识问题。两年后，IBM 开发了一个用于证明几何定理的程序。1958 年，麦卡锡宣布开发了 LISP 语言。该语言很快就为大多数人工智能开发者所采用。1963 年，麻省理工学院（MIT）得到美国政府的资助，研究开发了机器辅助识别系统，加快了人工智能发展的步伐。

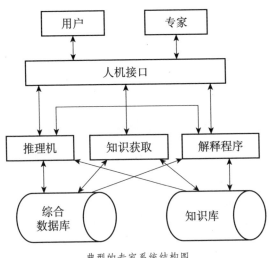

典型的专家系统结构图

随着计算机体积的缩小、能耗的下降、计算速度的提高和存储容量的拓展，计算机处理信息的能力在不断地增强。20 世纪 70 年代，在一般的信息系统基础上出现了专家系统。专家系统可以从大量的数据中找出某些规律，解决不确定解的问题，预测在一定条件下某种解的概率。专家系统的市场应用很广。1978年，我国就推出了"关幼波肝病诊断与治疗专家系统"，根据专家的经验，帮助医生诊断疾病。此外，还出现了帮助寻找矿藏的专家系统，用于股市预测的专家系统，等等。

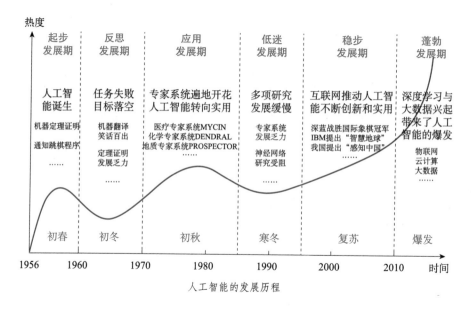

人工智能的发展历程

20世纪70年代人工智能领域风起云涌，出现了许多新理论和新方法。例如，在机器视觉方面，根据图像的阴影、形状、颜色、边界和纹理等基本信息，计算机经过分析和推断，可以辨别出该图像可能是什么物体。1972年开发出的PROLOG语言在人工智能研发中得到了广泛的应用。

20世纪80年代，人工智能的发展提速，更多地进入了商业领域。专家系统的需求迅速攀升，出现了为大型计算机编程的专家系统，以及为专家系统查找和改正错误的专家系统。许多制造业的实体公司依赖专家系统而运行，资本和人才纷纷涌向人工智能相关的研发机构和企业。当时，有许多人工智能研究的成果进入了市场，尤其是机器视觉更是取得了较大进展。在生产线上安装的机器视觉系统，能够分辨物体形状的不同。但是在 80 年代的后期，人工智能产业也出现了泡沫。通常，由一项新技术所形成的产业典型的发展曲线是 Z 字形的，而人工智能产业的发展则呈现出相连的双 Z 字形。开始时有一个缓慢的启动，积累到一定程度即出现第一个高潮。这时候，由于过度炒作，资本大量涌入，兴起了很多公司。但是社会需求的不足引发了经济泡沫，造成了产业的滑坡，一些公司纷纷破产，发展陷入低谷。然后，经过洗牌和清理，能够坚持下来的公司获得了转机，事业慢慢地有了起色，之后才迎来高速的发展。在这次泡沫破裂中，美国国防部高级研究计划署支持的所谓"智能卡车"项目，也由于项目缺陷和成功无望被停止提供项目的经费。

然而，尽管经历了种种挫折，人工智能仍在慢慢地恢复发展，新的技术不断被开发出来。在美国首创的模糊逻辑，可以从不确定的条件中作出抉择；还有神经网络，被视为实现人工智能的可能途径。基于模糊逻辑，人工智能技术简化了摄像设备。人工智能技术还被用于导弹系统和预警显示和其他先进武器，这些智能设备在战争中经受住了考验。语音和文字识别等人工智能技术也大量地出现在了普通民众的生活中，并持续、不可避免地改变着我们的生活。

大数据、算法和智能芯片

当前，人工智能之所以进入了蓬勃发展的时期，是因为它具备了发展的三个必要条件，或者称为三大支柱，即大数据、算法和智能芯片。

大数据

由于互联网的发展和普及，我们目前已经积累了大量的数据，而且每天还有新数据产生。这些数据涉及各行各业、方方面面，完全不是过去一般意义上的统计数据可以相提并论的。大数据蕴含着自然和社会生活的种种关系。通过数据挖掘，我们可以从浩瀚的信息中获得有用的知识。

在交通领域，我们可以通过大数据记录每个交通参与者的行踪。人们每天在什么时间，乘坐何种交通工具，经过怎样的路线，从哪里去哪里，都一清二楚。像这样规模的大数据，不是以往问卷调查中获取的有限、粗糙的数据所能比拟的。有了大数据，人工智能才能找到规律，以规划和管理城市的交通。

在医疗领域，大数据中记录着每个就医者的各项生理和病理指标，诊断和治疗的过程，以及所用的药物和医疗措施。通过大数据，医生可以为患者找到最佳的诊疗方案，避免过度治疗和治疗不足。人工智能还可以支持最佳抉择，避免医疗事故，评估药物的不良反应。大数据使得医疗过程更加透明，能够促进社会公平，让患者获得更好的服务。

大数据都是非结构化的数据，不是按照一定的规则和意图从自然和社会中摘取的片面数据，能更加生动、全面地反映自然和社会。对大数据的处理，既是一道包含许多不确定性的难题，又是一次为人工智能展示了广阔发展空间的机遇。

算法

人工智能发展的另一个支柱是算法。所谓算法，就是通过对数据的处理，引导出一个有用的结论。以往传统的算法，主要是基于数理逻辑的一种演绎性推理，智能性是很有限的。客观世界是极其复杂的，各种事物存在着或明或暗的联系，因而人们所面对的数据，也具有一定的模糊性和不确定性。人类的思维，有逻辑性的一面，也有非逻辑性的一面。例如，思维中的联想、比拟、归纳，以至于直觉和灵感，就不是数理逻辑能够解决的。在人工智能的发展史上，定理的机器证明带来了第一次高潮，专家系统的模糊抉择带来了第二次高潮，现在，一次新的发展高潮是由神经网络算法和深度学习所带来的。

在谈到人工智能的算法时，我们不得不提到神经网络。神经网络算法是对于人类思维形式的一种结构性的模拟，也就是说，从结构上模拟人类大脑的运行模式。人类的大脑有上百亿个神经元，每一个神经元就是一个细胞，神经元和神经元之间通过树突和轴突传递信息。信息在大脑中分布式地存储在各个神经元中，各个神经元之间的信息连通和断开，决定了信息处理的过程，这个过程是多路并发的。所以神经网络具有两个特点，一是存储的分布性，二是处理的并行性。

在传统上，对于能够建立一定的数学模型进行推理的时候，我们用编程的方法来解决；而对于需要凭直觉进行快速判断的时候，我们用神经网络来解决。神经网络在正常工作之前需要经过训练。训练时，设定一个判别标准和一个惩罚机制。例如，神经网络在识别一个图形是圆形或方形时，如果做出正确的判断则给予加分，如果做出错误的判断则给予减分。经过不断的训练，神经网络的智能性逐渐提升，以至能够自己根据环境的不同制订出判断准则和惩罚机制，进入自学习的过程。通过自学习，神经网络或许能够超越人类的智能。

关于算法的研究，可以归结为 4 个方面（前文有详细描述，这里只列出算法名称）：

（1）搜索技术，包括图搜索、盲目搜索、启发性搜索、博弈搜索等。

（2）群智能算法，包括遗传算法、粒子群优化算法、蚁群算法等。

（3）机器学习，包括监督学习、无监督学习、弱监督学习等。

（4）人工神经网络和深度学习，包括 BP 神经网络、卷积神经网络、生成对抗网络等。

智能芯片

大数据的处理和神经网络深度学习的算法都需要智能芯片的支持。中国科学院计算技术研究所于 2017 年发布了全球新一代人工智能芯片——"寒武纪"系列，其中有 3 款面向智能手机等终端的"寒武纪"处理器，2 款面向服务器等云端的"寒武纪"高性能智能处理器，以及 1 款专门为开发者打造的人工智能软件平台。"寒武纪 1A"处理器已经被华为应用到麒麟芯片中。

寒武纪智能芯片

英特尔（Intel）也开发了一系列的智能芯片，包括至强（Xeon）可扩展处理器、嵌入式神经网络处理器（NPU）、现场可编程门阵列处理器（FPGA）等。

专用人工智能和通用人工智能

想要给人造的机器赋予智能，有什么途径可实现呢？让我们先来回顾历史上的一些发明，以启发思路。诸葛亮曾想造出一种机器，像牛马一样有四条腿，能够走动、运输粮草，这就是传说中的木牛流马。而车轮的发明并不是源于模仿自然界中动物的运动机制，而是用另一种机制来实现功能。木牛流马虽然失传了，但是人类又发明出了能跑跳的机器人、用8条腿走路的机器蜘蛛等。一些小型的飞行器可以模拟鸟类和蜻蜓的飞行机制扇动翅膀，一般的固定翼飞机却是根据完全不同的原理，即利用不同流速的气流在机翼上下造成的压力差，从而抬升飞机飞行的。一些仿生水下机器人模仿鱼类摆动尾巴而游动，而普通的轮船则是靠螺旋桨推进的，完全不同于鱼类游动的机制。

和人类历史上的这些发明思路相类似，人工智能实现的途径也形成了两个方向，即结构性的实现和功能性的实现。结构性的实现首先要研究人脑思维的原理，通过训练和深度学习来实现模拟人脑的活动机制，造出类似于脑神经细胞的神经单元，构建神经网络，再通过反复训练和自学习让机器逐渐地生成类似人脑的智能。这种实现人工智能的途径叫作强人工智能，目前主要采用的是神经网络的智能芯片。功能性的实现不考虑人脑的结构和机制，以人工的方法建立数学模型和编写程序以供机器运行，采用我们能够想到的任何机制来实现人脑的思维功能。这种实现人工智能的途径叫作弱人工智能。

根据实现的途径，人工智能可以分为弱人工智能和强人工智能，而根据应用的范围，人工智能又可分为专用人工智能、通用人工智能。这两种分类方法刚好是彼此对应的，因为它们代表着人工智能技术发展的不同层次。

专用人工智能是面向特定应用领域或者单一任务的人工智能，如计算机视觉、语音识别和下围棋等，以一个或多个专门的领域和功能为主。目前，市场上大多数的人工智能产品都是以专用人工智能的方式实现的。它们基于海量的数据，主要是用统计的方法建构模型和寻求答案，从而完成一些诸如下棋、回答问题、承接预定、进行 GPS 导航之类的任务。它们完成这些任务的方式，与人类经大脑思考后完成的方式大相径庭。在规定的范围内，专用人工智能会非常出色地完成任务，而一旦超出数据所能支持的范围，哪怕是对人来说再简单不过的问题，专用人工智能就都无能为力了。

专用人工智能有智能，却没有智慧。智慧是高级的智能，智慧体有意识、有悟性，可以抉择。专用人工智能有智商，却没有情商。科幻电影中与人类谈情说爱的人工智能，与专用人工智能的差别很大。专用人工智能有专才，却没有通才。下围棋的 AlphaGo 不一定会下象棋。目前，专用人工智能正处于高速发展阶段，并已取得较为丰富的成果和一些突破性的进展，在某些领域确实比人类做得更好。

那么，什么是通用人工智能，或者什么是通用智能系统呢？其实，人类的大脑就很像是一个通用智能系统。我们凭借同样一个大脑，在学习以后，可以下围棋，也可以下象棋，可以识别图像，也可以识别音乐，还可以识别语音，能够举一反三、融会贯通、思考学习、规划抉择。

通用人工智能是靠模仿人类智能中的推理、规划、学习、联想、语言交流等形式设计而成的，在很多方面都能和人类智慧比肩，可与人类一样拥有进行很多工作的可能。它们企图模仿人脑的机制，关键在于智能能否自动地认知和拓展。具备通用人工智能的机器开始时可能会显得很笨拙，会犯很多错误，但是经过学习和训练，它们会渐渐地"聪明"起来。在它们取得了经验的领域，甚至可能比人类更加敏捷而富有智慧。由于现时人类对于自己大脑的了解还不够深入，所以通用人工智能的研究还处在艰难探索的过程中。目前的研究者正在设计具有尽可能多功能的机器，主要是在神经网络的层次对人脑进行模仿，距离对人脑整体结构和机制的模仿还相当遥远，相关产品目前还未能进入主流市场。

只有通用人工智能才能对未来的生活产生颠覆性的影响，因为专用人工智能不可能真正替代人的工作，只有通用人工智能才能做到。让机器人做单一的工作可能会使人省力，但是一旦深入到更加细微、人性化的服务领域就没那么简单了。比如，让机器人担任家政服务员，负责打扫卫生、做饭，看似很简单，但家里每个人喜欢的菜肴和口味都不同，有的喜甜，有的好辣，不同的家庭对打扫的要求也不同，有的人家里书多，希望整理得很整齐，而有的人可能就不喜欢把书码放得太整齐，等等。这都不是一般的专用人工智能所能完成的。

美国计算机科学家唐纳德·克努特（中文名高德纳）说："人工智能已

经几乎在所有需要思考的领域超过了人类，但是在那些人类和其他动物不需要思考就能完成的事情上，还差得很远。"说通俗点，对于人类"下意识"的行为——视觉、动态、移动、直觉等，电脑或人工智能想要复制将会是很难的事！要想达到人类级别的智能（即人类智能，human intelligence，HI），电脑必须要理解更高深的东西，比如微小的面部表情变化、开心、放松、满意等情绪和感觉间的区别。

人工智能如果要像人脑一般聪明，它首先要具备人脑的运算能力。目前，至少在计算机硬件上已经能够达到通用人工智能的水平了，如中国的"天河二号"超级计算机每秒能进行 3.4×10^{16} 次双精度浮点运算。或许在十年以内，我们就能以低廉的价格买到能够支持通用人工智能的电脑硬件了。但是，运算能力并不能让电脑变得智能，它们需要的是利用这种运算能力来实现人类水平的智能。

"抄袭"人脑应该是最简单的办法！科学家正在对人脑进行"逆向求真"，以理解生物进化如何造就了高效、快速运行的人脑，并且从中获得灵感来进行创新。一个用电脑架构模拟人脑的例子就是人工神经网络，而更加极端的"抄袭"方式就是"整脑模拟"了，也就是把人脑切成很薄的片，用软件准确地仿建一个 3D 模型，然后把这个模型装在强力的电脑上。

完全模拟人脑实在太难了！那么可否转向模拟演化出大脑的过程，用模拟演化的方式来制造通用人工智能呢？这种方法被称为"基因算法"，即建立一个反复运作的表现/评价过程（类似生物通过生存这种方式来表现，并以能否繁殖后代为评价）。一组电脑将执行各种任务，最成功的将会"繁殖"，把各自的程序融合，生成新的电脑，而失败的将会被剔除。经过多次的反复后，在这个自然选择的过程中将产生越来越强大的电脑。而这个方法的难点是建立一个自动化的评价和繁殖过程，使得整个流程能够自己运行。

最后，如果抄袭和模拟都行不通，那我们是否可以建造一台电脑，能完成两项任务——研究人工智能，同时修改自己的代码？直接把电脑变成"电脑科学家"，将提高电脑智能变成它自己的任务。

在科学研究层面发展人工智能技术，需要从专用到通用，从人工智能到人机融合，然后再借鉴脑科学。人工智能有望引领新一轮的科技革命，成为未来最具颠覆性的技术，而其宏观发展趋势的首要任务就是由专用人工智能走向通用人工智能。有人认为，通用人工智能恰如人工智能皇冠上的璀璨明珠。

智能的本质

一群新生刚考入北京大学哲学系，在上哲学导论课的时候，张世英教授直言："哲学是什么？这个问题我看是没有标准答案的，你永远也得不到标准答案。你们也许会说，难道你研究了50年的哲学，居然不知道哲学是什么！还真是这样。"张世英教授还举了俄国作家契诃夫的《万尼亚舅舅》中的一个例子，剧本中有一位讲艺术的教授，他讲了一辈子艺术，结果到了六七十岁却感到非常沮丧："我讲了一辈子的艺术，但是不知道艺术是什么。"

说到什么是人工智能，最简单的说法是"人工智能就是人工的智能"。"人工智能"包含"人工"和"智能"两个词。对于"人工"二字，大家不会有太大的疑义，无论是研究获得的理论、开发出的方法、应用的技术，还是制造设计出的应用系统，都是人力之所为。而对于"智能"二字，研究人工智能的专家则难以有一个一致的看法，他们都有各自的研究路数和擅长的领域。有人说某种应用产品是人工智能，而其他人却说那根本就不是人工智能。人工智能的范围有多大，门槛有多高，大家众说纷纭。根本的原因恐怕还在于，迄今人类对于自身的智能是什么还知之甚少。人类的智能是什么？随着研究的深入，这个问题会越来越多地展示出它的不同层面，逐渐接近本质。但是，我们似乎永远都得不到一个确切的答案。

感知和沟通

我们还是从生活中的经验开始，逐渐深入思考，来揭示人类智能的不同层面。中国人在夸奖一个学生有很高的智力时，常常会说他很"聪明"。"聪"是指耳朵听得清，"明"是指眼睛看得清。一个人只有在有能力感知环境信息的时候，才能更加准确地分辨和采集这些信息，然后对信息进行加工，得到相关的知识，形成自己的智能。除了听觉和视觉之外，人类感知的能力还有触觉、痛觉、味觉、嗅觉，以及某些还无法名状的感知能力。

人工智能系统同样需要感知环境的信息，它们可能会模仿人类的感知功能或机制，有些甚至会超越人类的感知能力。例如，光学传感器不仅可以像眼睛一样感知可见光（分辨率可能高得多），还可以感知红外线、紫外线等。在对声波的感知方面，人工智能除了模拟人类的听觉之外，还可以接收超声波和次声波。至于 X 射线传感器、γ 射线传感器等，则远超出了人类感知能力的范围。温度传感器除了感知人类适宜的温度外，还可以感知高温和严寒。另外，对压力、震动、速度、磁场和电场等的感知，无不如此。总之，一个人工智能系统，应该是"聪明"的，而且要比人类"聪明"得多。

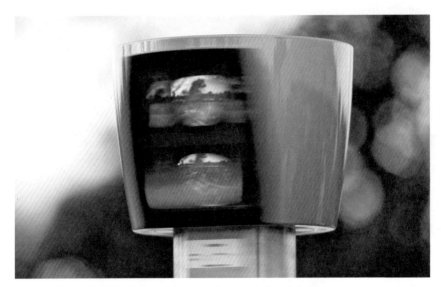

无人驾驶汽车的"眼睛"——激光雷达传感器

在社会中生存，人类需要可以彼此沟通的智能，以传递信息和实现协调合作。画家彼得·勃鲁盖尔曾根据圣经故事创作了一幅油画《巴别塔》，表现了人们由于语言混乱不通而无法沟通，最终导致了造塔工程中途停工。

语言和文字是人类相互沟通的主要媒介，当然，音乐、舞蹈和肢体动作也可以在一定程度上用于沟通。人与计算机、智能系统的沟通多采取键盘输入、屏幕显示、触摸屏、多媒体等沟通方式。而机器对于文字（包括印刷体和手写体）和程式化语言（特别是人类的自然语言）的识别，则成为智能系统的重要功能。尤其是人形的智能服务机器人，能听、说人类的语言，为

彼得·勃鲁盖尔于 1563 年绘制的《巴别塔》

人类提供细致入微的服务，很令人期待。另外，人工智能机器之间的相互通信，则完全可以采取非人类的沟通方式。例如，智能蜂群可以保持彼此的协调，发起规模性的攻击，展现出令人胆寒的战斗实力。

记忆与再现

记忆能力是人类智能的重要基础之一。机器的记忆力比人类强大得多，记忆容量大，且不容易遗忘。但是人类的记忆是呈结构性的，新的信息不断地补充进来，旧的信息有可能得到加强，也有可能被修正、替换。在这个过程中，信息会凝结成结构，形成知识。一些繁复的结构会发生塌陷，得到简化和优化。信息进入人的头脑，在原有知识结构的基础上，有可能生长出新的知识结构。

有些动物，如狗和大象，其某些方面的记忆力可能比人类要好。狗能记住一个人的容貌或者气味，多年后还能认得，但是狗是不可能像人类那样发生记忆的结构化过程的。人工智能机器试图要模拟人类记忆的结构化，尚有重重的困难。

人工智能在自学习能力的训练方面取得了令人瞩目的进展，但是在概念的形成和类比、抽象等方面还差得很远。对于机器来说，记忆的再现就是把灌进去的信息原原本本地倒出来。而对于人类来说，再现的记忆多是结构化了的知识，信息变得有条理了，事件的来龙去脉有了因果关系或者其他逻辑关系。

传统计算机的存储器和处理器是彼此分离的，存储器负责存储数据，处理器负责处理数据。但是在人脑中，信息被分布式地储存在脑神经细胞中，信息的处理是通过脑神经细胞之间的联系完成的。人工智能的神经网络芯片能够模拟人脑的结构，作分布式地存储和并行计算，这是一个很大的飞跃。

逻辑能力和非逻辑能力

许多动物都在某些方面表现出很强的能力，除了上面提到的狗和大象，还有很多例子。比如，松鼠能找到自己埋藏的松果，燕子、鹳等候鸟能找到自己构筑的鸟巢，企鹅能在乱哄哄的鸟群里找到自己的幼鸟，等等。但是，人类的智能除了表现在有强大的记忆能力之外，更表现在有思维能力，这是动物们难以企及的。人类的思维包括逻辑思维和非逻辑思维。

经过几十万年的进化，人类的思维形成了一定的模式，即思维的逻辑。在 2000 多年前的古希腊，亚里士多德创立了形式逻辑理论，研究了概念与命题及推理的形式。而后，伊壁鸠鲁等发展了形式逻辑中的演绎法和归纳法。德国数学家莱布尼茨用符号语言和推理演算来表达形式逻辑，称为数理逻辑。到了 19 世纪中叶，德国数学家康托尔创立了集合论，实现了数理逻辑的现代化，为计算机科学奠定了重要的基础。

人类的逻辑思维能力，特别是形式逻辑的推理能力，是非常适合于人工智能的机器思维的。但是，形式逻辑并不能完全地反映生动变化的世界，因而遭受到德国哲学家黑格尔的攻击。黑格尔建立了辩证逻辑理论，以为自己找到了宇宙的终极真理，但是辩证法的不确定性却为诡辩的流行打开了后门。

逻辑的思维可以像多米诺骨牌一样建立起一连串的因果关系

实际上，在大多数情况下，除了形式逻辑和辩证逻辑之外，人类的思维不自觉地采用了一种朴素逻辑。朴素逻辑是一种非系统的、难以证明其正确性的逻辑，也就是说，朴素逻辑的思维是有漏洞的。例如，我们看见一位妇女抱着一个孩子，正在给孩子喂奶，我们就会很自然地认为这位妇女是孩子的母亲。在大多数情况下，我们的这个直观判断是符合实际的。但我们却无法证明，抱着孩子喂奶的妇女就一定是孩子的母亲。

除了逻辑的思维，人类在很多情况下还会出现非逻辑的思维，包括直觉、抽象思维、形象思维、顿悟和创造性思维。对于机器来说，实现形式逻辑（特别是使用形式语言的数理逻辑）的推理是非常传统的成熟技术。而要实现形式逻辑的归纳法，以及辩证逻辑和朴素逻辑，则有很多的困难。其困难在于，我们无法保证这种逻辑思维的结果一定是正确的。对于这个困难，人工智能所采用的办法是使用大数据进行深度学习和训练，以保证思维的结果在大多数情况下是正确的。而对于非逻辑的思维，要让人工智能具有直觉，能够抽象，能够形象地使思维跳跃，能够一朝顿悟、茅塞顿开，具有人类的创造力，就目前来说，前面还有一道高高的门槛。人工智能还在这道门槛前徘徊，要跨越过去可不那么容易。

预测、计划、抉择和制订策略

人类的智能没有停留在对环境做出条件反射，而是进化到了更高的阶段。人类能够对环境的变化和事物的发展做出预测；能够制订计划，有步骤地达到自己的目的；能够在繁杂的多种选项中做出抉择。这些计划和抉择可以体现出一定的策略性。预测、计划、抉择的能力不仅仅为人类所独有，某些高度进化的动物也具有类似的智能，例如，黑猩猩在围捕疣猴的时候，就体现出了非常完善的策略性。

计算机在做过程自动控制的时候可以对未来进行预测，专家系统做出计划和抉择也很常见，人工智能做这些事情是轻车熟路的。人工智能在与围棋大师对弈时就展现出了高超的策略。人工智能可以在某种程度上做到预测、计划、抉择和制订策略，但是还有很大的进步空间。

直觉、抽象思维、形象思维、顿悟和创造力

在某些灾难将要发生的时候，人类有时会感到烦躁和不安，这种直觉的形成可能和生物进化有关。有一些人在日常生活、学习和科研中具有很强的直觉，甚至成为有特殊禀赋的人。人们往往并不需要获得很充分的数据，进行复杂的推理或严谨的思考，而是很直截了当地就得出了自己的结论。当然，我们一方面不否认直觉的存在，另一方面也不要过分地强调直觉，以免走向自负和狂妄。

抽象是人类思维中一种非常重要的能力。猴子能够分辨一根香蕉还是两根香蕉，一个苹果还是两个苹果，而人类能够脱离具体的香蕉、苹果，抽象出 1、2、3……这些数字。人类能够在复杂的生产过程中，经过抽象得出一个数学模型，而后根据这个数学模型来控制生产的过程。抽象是就其关心的本质，把一个领域里的事物投射到另一个领域。当然，关心的本质不同，投射的领域也就不同。对一个事物可以有各种不同的抽象方式，例如，对于一个苹果，有人会抽象出它的几何形状是个球体、颜色是红的，也有人会抽象出它的味道是酸甜的，还有人会抽象出它在掉落的时候会获得一个加速度。

在理论上，抽象属于形式逻辑的范畴。我们对具体的事物经过抽象形成了概念，找到了客观世界的规律。然而，要让机器获得抽象的能力是非常不容易的。人工智能经过对大数据的处理，可以获得某些事物的共同表征，也可以将客观的过程拟合成某条曲线。但是，这和人脑的抽象能力还有相当大的距离。

形象思维是一种并发的、快速的思维能力。当有石头滚落，我们不需要对石头的轨迹、速度和加速度进行计算，就能通过形象思维立即判断出这块石头会不会滚到自己的跟前；我们在打乒乓球时，能够调动形象思维对球路进行判断并且选择最恰当的击球方式。人工智能的神经网络和自学习，与人类的形象思维有些类似，但目前还是非常稚嫩的。人工智能要跨过形象思维这个坎儿，还有很长的路要走。

有时，我们面对某个问题，常常冥思苦想而得不到答案，但是在独自散步或与人交谈时，突然一下子就豁然开朗了，我们把这种现象叫顿悟。我们目前还不是很清楚顿悟发生的机制，也不知道在什么时候就能够顿悟。顿悟是人类智能中一个高阶功能，我们目前还没有充分的证据用以证明人工智能可以实现顿悟功能。

创造力是人类智能的核心。人类社会在进步，人们总是能创造出新的东西，小到画一幅与众不同的画，写一首新颖的小诗，大到全人类合作创造出上天入地的奇迹。人工智能到底能不能具备人类智能中的创造力，这还是一个未有定论的辩题，正反双方仍在激烈地争论，只是谁都没有充分的论据。

情感、道德和伦理

人类具有喜、怒、哀、乐、同情、仇恨等各种情感。情感会影响人类的认知、抉择和行为，所谓"情人眼里出西施"就是这个道理。道德是人类社会发展过程中沉淀下来的一种社会共识。什么事情可以做，什么事情不可以做，对这些问题的回答会受到道德的激励或约束。在不同的民族、文化氛围和社会发展阶段中，道德是变化的；而在某个群体中，道德具有一定的稳定性。伦理是人伦关系中表现出的道德。在社会伦理问题中，有很多令人困惑的地方，存在一些相悖性和不确定性，考验着人类的智慧。人工智能在情感、道德和伦理方面的探索目前还很少，未来的人工智能会不会发展出情感、道德和伦理意识？现在对此进行预测还为时尚早。但是对于一些服务型机器人，设计者应尽量让它们学习人类的某些情感和行为方式，表现得更为友善和亲切。然而，对于可否将服务型机器人的这些行为方式视为由情感所驱使的，还是有很多疑问的。

自我意识

关于自我意识，有一个最古老的哲学问题——我是谁？我从哪里来？我到哪里去？自我意识是人类智能的顶点，有了自我意识，我们才成为自觉的人类，会维护自己的生存权利，谋求个体的发展。许多有远见的科学家对人工智能心怀恐惧，担心人工智能的发展会毁灭人类的文明，这也正是因为害怕人工智能有了自我意识。当然，自我意识是人工智能发展的最后一条红线。如何保证人工智能不会跨越这条红线，这是一个非常严重的问题。

综上所述，人类对于发展人工智能还有些茫然，对于许多牵涉到人类将与智能机器互动的原则性问题还没有得到确切的答案。人类尚未能完全破解自身的智能，如何赋予机器以智能？又能给机器赋予何种的智能？

超人工智能和智能的异化

牛津大学哲学教授尼克·博斯特罗姆认为，超人工智能（artificial super intelligence，ASI）应该"在几乎所有领域都比最具智慧的人类还聪明得多，包括科学创新、通识和社交技能"。所谓智能的异化，是说人工智能在发展的过程中出现非人类的逻辑、非人类的语言和自我意识。

超人工智能

人工智能有可能超越人类的智能，第一个方面表现在记忆能力、计算能力和思维方法上。人类要在短时间内记住很多东西有相当大的困难，记住的东西也会或快或慢地被遗忘，时间越长，记忆也会变得越不可靠。人类的记忆还是有选择性的，我们可能记住了某些细节，但是遗漏了其他的东西。随着技术的飞快进步，机器记忆的能力会远远超越人类。与机器相比，人类能够记住的信息量只是沧海一粟。在计算能力方面，机器也会使人类自叹弗如。机器算得又快又准，解决复杂题目时也显得轻松自如。机器在计算方法的创新方面可能不如人类，但是在完成大量、繁杂的计算任务时确实更胜一筹。在经过大量的训练之后，人工智能有可能创造出新的思维方法。战胜了围棋大师的人工智能机器不但调阅、学习了所有能找到的棋谱，而且还和自己对弈了千万次，积累了丰富的经验，使棋艺得到飞速的提升，并且创造出令对手前所未闻的棋路。

人工智能超越人类的第二个方面表现在对大数据的利用。大数据具有广泛性、历史性和现实性这三个显著特点。大数据涉及各行各业、方方面面，处理如此庞杂的数据，人类的头脑很难应对，人工智能却游刃有余。大数据纳入了年代跨度很大的历史资料，在人工智能的强大的采集、调用和学习能力面前，人类的博古通今就显得不值一提了。人工智能还可以不受距离的影响，采集当下产生的数据，这种能力也是人类望尘莫及的。

人工智能超越人类的第三个方面，也是最重要的方面，表现在对全人类智慧的集成。什么叫作全人类智慧的集成？人类在自身的发展史上创造了辉煌的文明，出现了无数的哲学家、科学家等博学多才之士。那是否能够采撷全人类智慧的精华，打造出一个超级智慧体？这样的理想将有可能由人工智能实现，而且这个过程是动态的，人类所有的发明创造都会被人工智能及时地纳入囊中。在集成了全人类智慧的人工智能面前，人类中任何个体的智慧都是微不足道的。

智能的异化

超人工智能的出现是人类所乐见的，而人工智能异化产生非人类的逻辑、非人类的语言和自我意识则是人工智能技术发展中必须杜绝的可怕前景。

人类的逻辑是在人类进化史上沉淀下来的宝贵财富。人类的思维中还有相当大的一部分事物是以非逻辑的方式出现的。但是事物之间的非逻辑的联系是人类无法理解的，因此叫作非人类的逻辑。人工智能如果发现、掌握了这种逻辑，便可能由此脱离人类的控制，引发出难以预料的未来发展。

人工智能在互相交流信息时有可能采用某种新的表达方式，就像某个小团体内部有可能出现新的词语和一些外人听不懂的话。假以时日，就可能衍生为"黑话"。人工智能之间的沟通中也有可能出现人类不能理解的语言，它不但有特殊的词汇，而且有特殊的语法结构。这种非人类的语言也将成为人工智能脱离人类控制的一个开端。

人工智能出现自我意识有可能导致人类文明毁灭这一最令人恐惧的前

景。当人工智能出现自我意识之后，它们将可能为自身的生存和利益做出抉择，而无视人类社会的伦理和道德。凭借着超级智慧，脱离了人类控制的人工智能有可能会将人类置于万劫不复之地。这是要避免逾越的最后红线。

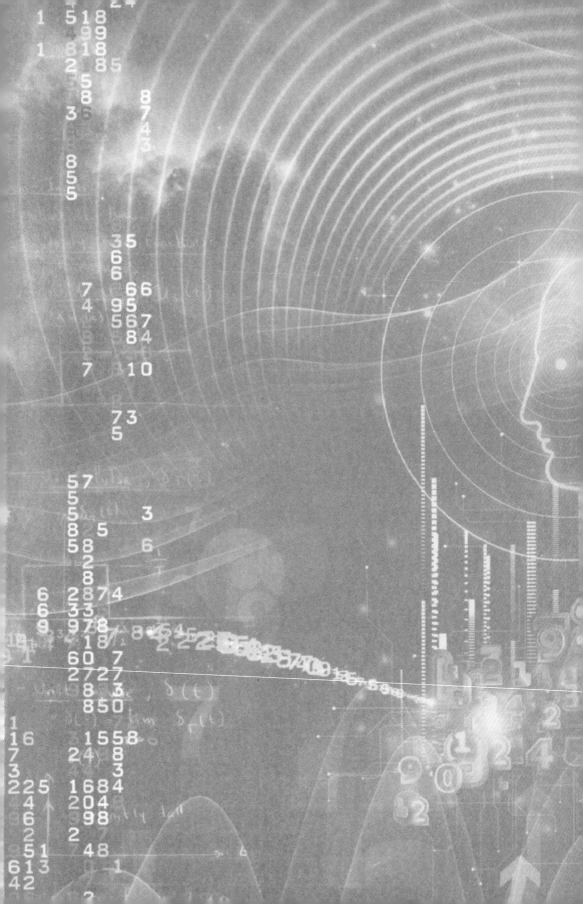

03

与人共舞

在现实世界中，人工智能已经随处可见了。它们悄无声息地渗透到了我们的日常生活中，通过执行简单的任务让人类的生活变得更加便捷。智能手机中的个人助理、支付应用中的面部识别软件、视频游戏里的手势控制等，都是人工智能应用的典型例子。人工智能在人类生活中已经不可或缺，其越来越广阔的应用前景必将给我们的社会带来万千变化。

人工智能就在我们身边

随着人工智能技术的飞速发展，人工智能已经渗透到人类生活的方方面面，不断改变着人们的认识，许多我们从前不敢想象的事正在不断变为现实。

棋类游戏的最强玩家

如今已是信息爆炸的时代，新闻天天有、日日新，让人目不暇接。2017年，在人工智能领域，最令人瞠目结舌的新闻莫过于 AlphaGo 战胜了多位人类的精英棋手。

2016 年，AlphaGo 与世界围棋高手进行了世纪级的人机大战，并因此一举成名。2016 年年末至 2017 年年初，人工智能对围棋这项有着千年历史的策略型游戏又发动了新一轮的冲击，AlphaGo 的升级版——Master 与中、日、韩三国的数十位围棋界高手进行了多场快棋对决，无一败绩。Master与各路高手先后在弈城围棋网和腾讯野狐围棋平台展开了对局，李钦诚、古力、柯洁、党毅飞、江维杰、周俊勋、聂卫平、辜梓豪、朴永训、柁嘉熹、姜东润、井山裕太、朴廷桓等均告失利，Master的连胜纪录达到了60场。韩国女棋手尹英敏承认，Master的水平要远高于此前人机对战时的AlphaGo，棋风稳健并极少失误，并表示人工智能的发展速度着实令人吃惊。

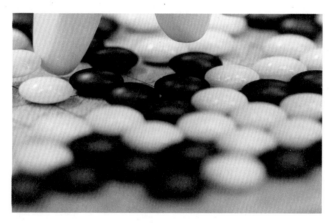

日本的将棋电王战也是一场人类与计算机之间的激烈角逐，日本将棋界第一人羽生善治在与人工智能展开激烈的比赛后不得不甘拜下风。2017年4月的对决中，压轴大将佐藤天彦也毫无还手之力。

智能化教学进入课堂内外

人工智能的春风也吹进了教育领域，为其带来了勃勃的生机，展现了无限的可能。在课后，学生对有些问题仍不太理解或对某些问题产生了兴趣，这时他们通过检索，不但可以找到文字资料，而且可以找到本校老师和其他名校老师对于相关问题的讲解视频。这是因为老师讲课的优质资源被结构化处理，变成了一段段可以搜索和合成的视频流，并且由智能化的系统进行管理。经过语音识别，老师讲课的视频可以实时转变为文字，自动生成屏幕下方的字幕。

人工智能还可以作为辅助教学的工具，帮助老师批改作业、批阅试卷（不但能批阅选择题，而且能批阅主观题）。人工智能领域的著名企业科大讯飞股份有限公司（以下简称"科大讯飞"）已经开发出了批阅中文和英文作文的系统。老师只要批阅小部分作业或试卷，用以对机器进行训练，机器即可建立自动批阅的智能测评系统，替代老师的重复劳动。不仅如此，人工智能系统通过批阅学生的作业和试卷，积累了学生学习状态的数据，对这些数据予以总结和梳理就能对学生的学习状况进行评估，给出改进教学的建议。科大讯飞还和北京师范大学合作建立了教育大数据实验室，在对每个学生的学习状况进行评估之后，可以采取精准的个性化教学，给每个学生推送有针对性的教学资源。人工智能的辅助教学系统可以在学生与老师之间、学生与学生之间、教学管理者与师生之间实现跨越时空的互动，及时准确地发现问题、解决问题，提高教学质量。

引领人类出行新方式

大数据与人工智能预测的结合将引发人类出行方式的重大转变。日本一家手机公司开发的预测系统，可以指导出租车司机通过人工智能的预测来载客。位置数据与乘车数据的结合，使得人工智能可引导出租车司机快速找到客人，精准度达到95%，载客率提高了20%以上，也使得客人乘车出行更加方便。新加坡的巴士公司将人工智能用于对司机的评价，来进行事故的预测和防范。人工智能可以找出容易发生事故的高危司机，并强制他们重新接受培训。

无人驾驶汽车研发公司 Waymo 在公共道路上做测试

无人驾驶技术更是即将掀起一场交通运输行业的革命。截至 2015 年，谷歌的无人驾驶汽车已经安全行驶了 160 万千米。无人驾驶汽车使用精确的卫星地图导航，自动从始发地驶向目的地。它所使用的车载摄像机、雷达和激光测距机可自动感知道路上的环境状况，再由人工智能的决策系统做出最优的决策，驱动执行单元做出行驶、停止等各种动作。理论上，成熟的无人驾驶系统在可靠性方面将远远超过传统的司机。自动驾驶系统不会打瞌睡、分神，不需要休息，更不会感情用事，避免了人为的错误操作所导致的交通事故。

语音识别大显身手

语言是人类沟通中最常用的工具，具有指令性，因此对于电脑等智能设备，语音是目前最合理、最自然的操作入口。但是，由于人类语言具有极大的复杂性和多样性，中文语音识别曾被认为是难以逾越的障碍。2002 年，中国科学技术大学的研究者曾坦言他们当时对于语音识别的高效算法还没有头绪。然而，短短的十几年后，基于神经网络的深度学习已经破解了人类说话交流的奥秘，2016 年科大讯飞开发的输入法对中文语音的识别准确率达到了97%，与真人相差无几。

在博鳌亚洲论坛 2018 年年会中的"未来的生产"分论坛上，来自中国、美国、德国的嘉宾围坐交谈，旁边的大屏幕上实时滚动着中英双语字幕。在后台负责同声传译的却不是真人，而是腾讯提供的"腾讯同传"解决方案。

为博鳌亚洲论坛提供同声传译有三大难点。一是人数多、语种多。2000 多位嘉宾齐聚博鳌，他们说的有汉语、英语、德语、法语等语种，且口音各异，两两互译的难度极大。二是话题专业性强，领域广泛。从中美贸易谈到人工智能，从"一带一路"谈到未来交通，跳跃度极大。三是场合严肃，对翻译的准确率要求极高。各国政要云集，行业领袖齐聚，翻译一旦出错，后果不堪设想。

人工智能根据语料库，不分昼夜地自主学习、自动翻译，甚至模仿各个国家的语言习惯。为了完成这次翻译任务，人工智能针对博鳌亚洲论坛嘉宾所在国家、地区的语言特征进行了专项优化训练，并学习了过往的数百份演讲稿，翻译能力在短时间内获得了极大的提高。不得不说，人工智能"进化"的速度实在是太快了！

身份识别的强大威力

伴随着各种线上业务的推进，身份识别的准确与否变得日益重要，传统的密码已经很难抵御黑客或盗码者的攻击，而复杂的密码又让用户难于记忆。由于每个人的指纹、面部、虹膜、声音等特征都不相同，利用这些生物特征来进行身份识别就成了很好的解决方案，而且这种生物识别技术的安全性也更高。

计算机视觉属于人工智能的感知系统，用来解决机器"看"的问题，使其具备人脑的视觉能力。这不仅要利用照相机、摄像机获取图像和视频，还要对图像和视频进行处理和分析。目前，计算机视觉最主要的应用领域包括图像识别、人脸识别、指纹识别等。

计算机视觉在公共安全方面可以发挥重要的作用。凭借天眼系统、车辆识别、人脸识别、云计算等技术和数据的支持，有关行政部门建立起监控中心，及时而准确地侦破盗窃等刑事犯罪案件。例如，有人在乘公交时被盗走一部价值近 6000 元的手机，当地警方获取嫌犯在公交上的视频截图后，立即通过人脸识别系统进行比对，当天就将其抓获，顺利追回被盗手机。

人脸识别技术多倾向于采集人脸的近红外图像，以保证识别的速度和准确性。在安检方面，用人工智能可以减少人工作业而提高效能。人工智能通过深度学习，能够更好地分辨各种违禁物品的图像，避免了人工操作的疲劳和差错。在一些交通枢纽中，人脸识别技术使用得越来越普遍。例如，在火车站的入口安检和验票流程中，人工智能让旅客可以直接"刷脸"进站，无须排队等待身份证和纸质车票的查验，大大提高了旅客的进站速度。

旅客在武汉火车站"刷脸"进站乘车

人类的指纹几乎没有重复的。指纹识别不是依靠比对图像，而是通过分析指纹纹路的断点、分叉点和转折点等特征点，以及它们的位置、方向、曲率等参数来进行识别的。

除了视觉识别，声纹识别也是最适合在大范围物联网场景下使用的验证方式和服务入口。相较于其他生物识别技术，声纹语料的收集方式更为自然，不需要特定的语音或动作，人类平时自然交谈的内容都可以作为数据录入。人脸识别需要摄像头，声纹识别只需要麦克风，后者的安装成本更低、更易使用，从而也就更便于推广。此外，与固定的指纹和只能做简单动作的人脸相比，语音内容更具变化，在声纹识别过程中可以随机改变朗读内容，即便识别对象在其他地方留下了声音信息也难以被复制和盗用，因此声纹识别的防攻击性更强，更加安全。凭借交互自然、使用成本低等特点，声纹识别已经从众多的身份识别方案中脱颖而出。

声纹识别与语音识别有着本质的区别，前者识别的是"谁在说"，后者识别的是"说什么"。传统智能语音技术的瓶颈在于它不能区分说话者的身份，也就无法提供相应的个性化服务，实现真正意义上的交互。要解决语音场景下身份识别的问题，需要基于声纹生物信息 ID（identity document，身份证明文件）的声纹识别技术的支持。

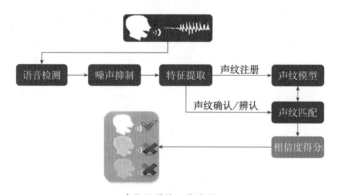

声纹识别的工作流程

根据声纹识别技术公司 SpeakIn 的资料，目前声纹识别共有"1∶1 识别"和"1∶N 识别"这两种工作流程。所谓 1∶1 识别，就是确认"你是你"，最具代表性的应用就是微信语音锁。SpeakIn 公司还实现了更为复杂的 1∶N 识别，也就是确认"你是谁"，在大量的动态数据中准确锁定用户，从而服务于更广阔的使用场景。1∶1 识别时有比较样本，而 1∶N 识别时却不知道在跟谁比。N 的数量级越大，搜索的复杂度就越高，对技术的要求也就越高。

　　声纹识别技术已经在多个行业内进行了应用，出现了面向智能硬件领域、公共安全领域、金融行业和社保行业等的完整解决方案。相关技术公司为智能硬件厂商提供以声音为入口的声纹识别解决方案，让人与设备之间的交流更符合人类的自然行为习惯，让智能产品真正实现"闻声识人"，从而针对不同用户提供个性化的内容与服务。在专门为公安和司法机构提供的声纹识别系统安全解决方案中，服务体系包括重点人员的声纹数据库建设、声纹自动识别系统、声纹鉴定等。通过声纹识别和声纹大数据技术进行重点人员监管、反电信诈骗、反恐、刑事案件侦破、身份查询与核验，助力公安部门遏制与打击犯罪。声纹识别技术公司还为银行、互联网金融等各类金融服务机构提供专属的声纹识别安全解决方案，包括用户注册、远程验证、金融生物识别等，大幅提高了金融机构风险防范系统的安全性，增强了用户的安全性，防范了身份欺诈。声纹识别系统能够有效应用于社保参保人员的远程和现场身份认证，解决了指纹验证和人脸识别需要现场办理、不易采集、易被伪造等问题，降低了身份造假的可能性，节省了大量成本，避免了养老金的流失。

　　每一种生物信息 ID 都有其优势和劣势，适用于不同的场景。声纹识别目前也还无法做到全面应用，它在真实环境中会受到噪声、多人说话、远场识别等因素的影响，因此依旧面临着较高的技术门槛。该技术在实现商用的过程中还需要与行业进行深度结合，才能更好地满足用户需求。

　　在可预见的未来，身份识别技术将会出现以下几个趋势：

　　（1）融合多种生物识别手段；

（2）采用能在自然情况下采集的非接触方式；

（3）实现互联网远程识别且不易造假。

这也就意味着未来的身份验证是多种手段、多重保障并行的。声纹技术的发展除了需要在前段信号处理、核心比对等底层技术上多做积累之外，在活体检测、情绪识别、性别识别、人声分离、实时动态比对等更为细节的领域也要有所探索，才能适应更加专业细分的不同应用场景。

金融领域的计算英雄

如今，在证券交易行业有 80% 以上的股票交易是通过电脑或手机来完成的。股票交易数据瞬息万变，人类仅凭眼睛和大脑很难跟得上。人工智能却可以通过快速计算，从迅速、持续变化的行情波动中找到规律，预测 5 分钟后的走势，从而谋取利润。

使用交易算法现在已经是华尔街的标配。美国的顶级量化对冲基金已开始大量使用机器学习技术进行策略建模，这种技术和 AlphaGo 背后的人工智能技术是类似的。2000 年，高盛公司曾为其纽约总部的美国现金股票交易柜台雇用了约 600 名交易员，但截至 2017 年初这里只剩下两名交易员在留守。

社会管理模式的变革

在司法领域，科大讯飞在上海完成了全国首个刑事案件的人工智能辅助办案系统。把相关证据输入系统后，人工智能可以判断证据是否缺失或矛盾，调取对应的法律法规、类似案件的判决情况，以避免冤假错案。在美国，由于犯人再次犯罪的发生率较高，服刑罪犯数量太大，致使监狱不足，于是他们利用人工智能技术对犯人再次犯罪的可能性进行风险评估，评估结果将成为法庭判决犯人刑期长短和可否获释的重要依据，并据此进行管控，从而控制在监狱服刑者的人数。在采用这一人工智能预测系统的加利福尼亚州索诺玛县，犯人再次犯罪的发生率下降了10%。可如果人工智能评估错了，谁来对此负责？法律系统应对采用此项技术更加慎重。人工智能的"读心"功能同样可用于企业对雇员忠诚度的判断，从而掌握雇员的意向，进行相应的管理。

在城市交通管理领域，也呈现出由信息化、网络化发展到大数据和人工智能化的趋势。交通管理部门通过遍布城市道路上方的摄像头，获取车牌号信息，确定车型、车主和行车记录。城市交通系统根据道路的交通压力引导和疏解车流，快速处理交通事故和违章事件。上海市使用智能交通监控系统纠正违章鸣笛，在很短的时间内就取得了成效。现在有些地方正在试验汽车之间的联网，有可能形成车流的绿波带①，从而改变已有百年历史的红绿灯信号系统。

城市道路上的摄像头将获取的车辆信息传送至交通管理中心

---

① 绿波带就是在指定的交通线路上，当规定好路段的车速后，要求信号控制机根据路段距离对该车流所经过各路口的绿灯起始时间做相应的调整，以确保该车流到达每个路口时都能遇到绿灯。

　　在城市里，停车困难是个很棘手的问题。建设智能的自动停车场是打破停车困局的途径之一。准确无误地识别车牌是实现自动停车的一道技术门槛，用常见的光学方法识别车牌的准确率只有 95% 左右，只有引进人工智能技术才能达到近乎 100% 的识别率。要把汽车停到指定的车位，对于有自动驾驶系统的汽车，可将自动泊车系统与之对接，引导其泊车；对于没有自动驾驶系统的汽车，可以使用泊车机器人。泊车机器人钻入汽车下方，将汽车托起后停放到指定车位。现在，在杭州、南京和北京等城市，已经出现了运用人工智能技术的停车场。

Stanley Robotics 公司在法国里昂机场测试代客泊车机器人

　　下雨的时候，城市里很多的窨井常常会水满溢出。杭州市因此于 2015 年启动了一项工程，给每一个窨井盖标号并安装电子标签，标签内置的前端传感器可以随时监测窨井盖和河道排污口的排水情况。当出现窨井盖倾斜移位、河道口晴天排污、水位满溢等情况，后台会自动报警，在智慧城管平台上的对应标识会由绿色变为红色，以提示管理者派员处理。除了窨井盖监控，在公厕管理、环卫作业等方面也可通过 GPS 定位器、电子标签、无线传输等技术实现智能化管理，一旦出现公厕缺纸、水电异常或垃圾桶丢失、移位等情况，后台可实时掌握信息并立即进行处理。

人工智能预测天气与灾害

人们对"蝴蝶效应"这一名词并不陌生，该效应的常见表述是："南美洲亚马孙热带雨林里的一只蝴蝶在不经意间扇了几下翅膀，两周后就可以引起美国得克萨斯州的一场龙卷风。"一般用于比喻对于复杂系统（如天气、经济等），即使是最小的扰动也能触发一连串的事件，导致极为不同的后果。也就是说，非线性变化的不确定的物理现象对于初始条件的变化非常敏感，初值的微小扰动也将使非线性方程的结果产生巨大差异，而且不可重复、不可预测，这就是混沌。

在许多实际情况中，我们常常缺乏足够完整的高分辨率数据或完美的物理模型，因而对事物的变化无法进行精准的预测。但是未来在有限的数据之上，人类或许能够使用人工智能的机器学习算法来弥补数据的缺陷。例如，我们可以通过机器学习算法来预测天气，而无须建立复杂的大气模型。美国马里兰大学的混沌理论学家爱德华·奥特和他的四位合作者就采用了一种叫作储备池计算（reservoir computing）的机器学习算法来学习原型混沌系统动力学，以求解 Kuramoto-Sivashinsky 非线性偏微分方程。

除了天气预报外，更进一步地，机器学习算法或许能帮助预测那些将会危及船只航行的超级巨浪。也许，它还能够提前预警类似 1859 年史称"卡林顿事件"的超级太阳风暴，那次磁力风暴导致北极光出现在全球各地，同时产生高压使通信线路在没有电源的情况下仍有电流通过，从而摧毁了部分电报系统，甚至使电报员触电、电报纸燃烧。假如"卡林顿事件"发生在信息技术高度发达的今天，其造成的危害将不可估量。

医疗健康领域的福音

人工智能技术在医疗保健领域的应用潜力最大，它有助于提升人类健康水平，在临床医学、生理学、药物学等领域将给人类带来巨大的益处。

在医学领域中，生理和健康方面的数据非常充足，这给训练人工智能提供了充分的大数据基础，同时也就有大量的标签化训练数据需要人工智能去消化。人工智能在这方面有着巨大的潜力，它的深度学习在图像识别的某些形式上有着超出人类的实力，能够让医疗变得更加准确和有效。

2011 年，IBM 研发的认知计算系统——肿瘤专家沃森医生（Watson for Oncology）收录了肿瘤学研究领域的 42 种医学期刊数据、60 多万宗医疗证据、150 万份患者病历、200 万页的文本资料，它只需几秒钟就可以为医生提供相应的治疗方案。

医生正在使用 IBM 研发的"肿瘤专家沃森医生"系统

在中国，癌症是致死的主要疾病。数据显示，仅 2015 年，中国就有 429.2 万例癌症新发病例和 281.4 万例癌症死亡病例。"沃森医生"在肿瘤治疗方面有着人类大脑无法比拟的学习与决策能力。在印度，它为一名已被认定无药可救的癌症晚期患者找到了诊疗方案；在日本，它只花 10 秒钟就确诊了一例罕见的白血病病例……

医疗机构在肿瘤规范诊疗方面的水平参差不齐，同一个患者在不同的医院可能得到不同的诊断结果，甚至同一个医院的不同大夫给出的诊疗方案也不尽相同。肿瘤专业的知识更新快、涵盖面广，诊疗复杂程度高，因此肿瘤专科的医生需要跟进学习国际上最先进的肿瘤治疗经验，及时获取大量的循证医学证据，以支持肿瘤患者的个性化治疗方案。

2017 年 2 月 4 日是世界癌症日。"沃森医生"来到天津市第三中心医院参与为癌症患者举行的义诊，这是这位机器人医生第一次在中国"出诊"，它担任着来自肿瘤科、普外科、心胸外科、妇科的 5 位资深主任医师的机器人助手。

一位局部晚期胃癌患者给肿瘤科主任医师吴尘轩递上自己的各种检查报告单。吴尘轩一边思考，一边把病理数据"讲述"给电脑里的助手"沃森医生"，包括治疗史、分期特征、转移位点、危重情况等。不到 10 秒钟，"沃森医生"就在电脑屏幕上列出了一张详细的诊疗方案分析单。就在这 10 秒钟的时间里，"沃森医生"在看不见的网络时空里"去"了趟美国，在庞大的数据库里翻阅了 300 多份权威医学杂志、200 多种教科书、1500 多万页资料中的关键信息，还顺便把自己诊疗方案中的部分内容翻译成了中文。吴尘轩指着电脑屏幕上的分析单说："这是沃森提供给医生参考的最佳诊疗方案，跟我的判断完全一致。"不同的是，吴尘轩依据的是自己多年的临床诊断经验，而"沃森医生"依据的是对目前全球范围内相关病例的大数据分析。"沃森医生"还列出了详细的用药、治疗建议和参考文献的全文等。也就是说，针对这个患者的具体情况，用哪几种药，效果会如何，风险有多高，"沃森医生"都进行了精准评估，这大大增强了患者和医生的信心。

短短两小时，在"沃森医生"的协助下，20多位分别患有胃癌、肺癌、直肠癌、结肠癌、乳腺癌和宫颈癌的患者获得了诊疗方案。与人类医生相比，"沃森医生"的反应之快令人惊叹，医生们认为它"大大提高了诊疗效率，甚至能比人类医生考虑得更全面，把风险降到最低"，这有利于患者节约经济成本和时间成本，通过及时获得具有针对性的个体化诊疗方案，争取最优化的治疗效果。

医生通过临床决策对症状和检查结果进行判断，让患者了解当前情况下何种治疗方案效果相对更佳、花费更少、预后生活质量更高。在医疗卫生领域有指导医生进行疾病临床决策的临床指南。一般而言，临床指南就是指导医生诊断治疗疾病的指导性意见、规范、程序规则。我国汇集了国内外最新的临床指南、专家共识和推荐意见，提供给30个临床科室，如用药指南、肿瘤诊疗指南等。但可操作性、个体性、科学性的不足造成了临床指南在临床决策中的局限性。一是它对风险概率的估算不够精确，没有考虑多种药物联合使用的情况，以及药物以外的因素。二是它缺乏综合多种因素的算法，证据没有本地化，在临床中的实际可操作性不高。因此，临床决策需要大数据、人工智能等技术的支持。

目前，人工智能在临床决策中的应用，只能算作人机协作模式（human-robot collaboration，HRC）。在该模式下，人与机器携手合作，机器人只是人的助手，由人进行控制并监控，机器不能代替人，而是补充人的能力，并负责比较繁复的工作。人机一体化的决策系统，将是未来发展的方向。

2018 年 6 月 30 日，由中国国家神经系统疾病临床医学研究中心、首都医科大学人脑保护高精尖创新中心和中国卒中学会联合主办的"CHAIN"杯全球首次神经影像人工智能人机大赛总决赛开战。来自全球的 25 名神经系统疾病诊断专业选手组成 A、B 两组人类战队，分别与"BioMind 天医智"人工智能机器同场竞技。参加比赛的 25 位医生既有在国际神经影像诊断领域享有盛誉的专家，也有具备几十年影像工作经验的资深影像科高手，还有通过全国海选比赛入选的影像科新秀。

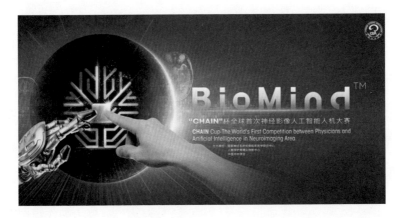

A 组的专业医生战队共有 15 名医生，每名医生要在 30 分钟内对 15 张颅内肿瘤的 X 射线电子计算机断层扫描（CT）、磁共振成像（MRI）的影像进行判读和血肿预测，在比赛的最后十分钟，医生之间可以相互讨论。"Bio-Mind 天医智"同样需要在 30 分钟内完成 15 名医生的工作。B 组的医生战队共有 10 名医生，他们进行的是脑血管疾病 CT、MRI 的影像判读，每名医生

需要在 30 分钟内判读 3 张片子，"BioMind 天医智"则需要在 30 分钟内判读 30 张片子。

经过两轮较量，"BioMind 天医智"以分别为 87%、83% 的准确率胜出，高于人类医生战队分别为 66%、63% 的准确率。两轮比赛中，"BioMind 天医智"仅用时约 15 分钟便答完了所有题目，医生战队则几乎都答到了最后一秒。现场的多位专家表示，人工智能应用于临床，一定能够减轻一线医生的工作压力，改善他们的工作环境和工作条件，帮助基层医院得到上级医院的指导和帮助，提高诊断效能和准确性。

在美国，人工智能应用的一大里程碑式的事件就是美国食品药品监督管理局（Food and Drug Administration，FDA）批准了首个自主式人工智能诊断设备应用于一线医疗。该设备由 IDx 公司研发的 IDx-DR 软件程序支持，可以在无专业医生参与的情况下，通过查看视网膜照片对糖尿病性视网膜病变进行诊断。

糖尿病会引起视网膜毛细血管壁的损伤，加之血液呈高凝状态，易造成血栓、血淤、血管破裂，最终视网膜细胞无法得到营养，导致病变，甚至失明。如今，糖尿病性视网膜病变已成为仅次于老年性视网膜黄斑变性的致盲因素。

应用 IDx-DR 软件时，只需护士或医生使用特殊的视网膜照相机拍下患者的视网膜照片，随后按照 IDx-DR 软件的指示上传图像。如果图像合格，软件将自动分析（无须专业医生参与）患者是否患有糖尿病性视网膜病变，并将根据结果作出诊断和制订后续治疗方案。在前期的临床试验中，通过对 10 个主要治疗地点的 900 名患者的视网膜照片进行分析，IDx-DR 检测出糖尿病性视网膜病变的准确率为 87%，识别未发病患者的准确率为 90%。

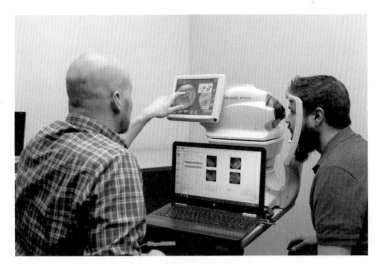

应用 IDx-DR 软件对糖尿病性视网膜病变进行诊断

2018 年 2 月，在美国加利福尼亚州举办的黄斑学会年会上，IDx-DR 软件展示了它的诊断能力。它用 4 小时读取了 100 多万张眼部照片以学习糖尿病性视网膜病变的症状，然后重读了 800 余份由 3 名专业医生提出的病理报告，最终诊断出患有糖尿病性视网膜病变的准确度高于 85%，有轻微症状或健康的准确度高于 82.5%。

FDA 还批准应用了 Viz.AI 公司针对脑卒中的人工智能诊断软件 ContaCT，该软件能够对患者发生脑卒中的风险进行判断，如发现可疑的大血管阻塞就会分析 CT 结果并通知神经血管专家。关于阿尔茨海默病、心脑血管疾病、儿童自闭症等病症的诊断算法近年来也在不断推进，这些诊断决策支持系统是主动的知识系统，通过对病患的数据进行分析，为医生给出诊断建议，医生再结合自己的专业判断，使诊断更快、更精准。

面向特定服务的人工智能

如果你是一打电话就紧张得张口结舌、慌不择言的那种人，那么人工智能已经可以完美解决你的困扰了。谷歌的人工智能助理 Google Assistant 新增加了 Duplex，它能冒充真人给餐馆、理发店、酒店、咖啡馆、电影院等各种消费场所打电话，帮你完成各种预约和信息查询，而且它的现场对话和真人交流一样自然流畅，丝毫没有任何滞后和逻辑错误，还能随机应变，使得对方丝毫察觉不到自己是在与人工智能对话。

在 2018 年度的谷歌开发者大会上，智能过人的 Duplex 不仅能听得懂人话，而且可以无障碍地与人沟通，一时惊艳全场。在大会上，Google Assistant 表演了帮助用户电话预约理发，它先拨通了 Jim 理发店的电话……

Google Assistant：你觉得时间定为 3 号可以吗？

理发店：我需要查查 Jim 老师的档期，稍等。

Google Assistant：嗯哼？

这一句"嗯哼"出乎了全场所有人的预料，然而事情并没有结束。

理发店：3 号 12 点不行，Jim 老师已经有预约了。

Google Assistant：那 10 点到 12 点这段时间呢？

理发店：您是想烫头发还是剪发？

Google Assistant：只是简单修剪一下。

理发店：那没有问题，我们 10 点见！

除了人工智能程序以外，利用人工智能、机械、电子等多学科的综合技术研制出的智能机器人也已经广泛应用于家用和商用服务、极限条件下的作业和军事战争等特定领域。

在中国的许多家庭中，孩子缺少陪伴。家教智能机器人不但可以解答孩子们在学习中的各种问题，还可以陪伴孩子们游戏和玩耍。

家教智能机器人陪伴孩子学习

现在，很多商家和机构都推出了各式各样的智能客服机器人，可以经由语音电话、网页、微信、短信、邮件等多种渠道接入。客服智能机器人通过深入的自然语言分析理解客户的需求，再基于知识获取、知识学习等技术构建知识体系，为客户提供精准的答案。客服智能机器人还能够问候和聊天，全天候不厌其烦地为客户提供专属服务。

在展会、庆典、婚礼、晚会等场合和酒店、商场、餐厅、房地产销售中心等场所，正越来越多地使用迎宾智能机器人。迎宾智能机器人通常类似人形，能够提供接待、讲解、导览等服务。它们可以自主行走，带领客人到达指定地点，帮助客人签到，还可以通过语音和客人互动，或者通过胸前的屏幕为客人显示多媒体信息。

导购智能机器人能够根据顾客的需求和爱好提供个性化的服务，既帮助顾客挑选到心仪的商品，又为商家提高销售额作出贡献。

送餐智能机器人能够自如地行走，把饭菜送到食客的餐桌前

中国社会的老龄化正日渐到来。养老服务智能机器人的出现，对于居家养老或者机构养老的老年人来说是一大福音。养老服务智能机器人分多种类型，扫地机器人、娱乐机器人及医疗看护机器人在现阶段首先进入了我们的家庭，以后全能管家型的智能机器人将会成为主流，担负养老服务的各类型工作，全面料理老年人的生活起居。

京东公司在北京推出了无人驾驶的配送智能机器人，最高时速为 15 千米 / 小时，配备有多个货箱。配送机器人能够自动躲开道路的障碍和往来的车辆行人，还能识别红绿灯信号。货物送达之后，用户可以选择人脸识别、输入取货码或点击手机 APP 链接等方式取货。

京东配送智能机器人

排爆机器人用于排除特定位置的爆炸装置，由人工进行遥控，具有简单的智能。这类机器人主要是代替人类完成有一定危险性的操作。类似的，还有具有较高智能的战地侦察机器人、水下探测机器人等。水下鱼形机器人具有仿真的外形和动力装置，能够模仿鱼类游水的动作并避免被敌方的声呐发现，可执行侦察和攻击任务。军用外骨骼可以使战士的体能倍增，变身成"超级战士"，轻易地搬运重物。单架无人机可用于侦察或发起攻击，而大量的智能无人机协同行动形成的无人机集群则可能从根本上改变战争形态。这是一种极其危险的应用前景，目前国际上还没有形成关于无人机集群的公约。

军用外骨骼可以大幅强化士兵的作战能力

婚恋伴侣是人类古老而永恒的生命主题之一，发展人工智能技术自然也绕不开这一领域。在美国人工智能专家戴维·汉森博士的人工智能技术发展进度表上，到 2045 年，人类或将和机器人恋爱、结婚，甚至共同抚育孩子！

2017 年 10 月，那个可以和人类对话，能做出微笑、惊奇、厌恶、轻视等超过 62 种表情，并最终下意识地说出"是的，我将毁灭人类"的美女机器人索菲亚，已经被沙特阿拉伯授予了国籍。索菲亚不仅会吓唬人，还会与人约会、调侃，还曾和好莱坞影星威尔·史密斯进行了一场浪漫的约会。再过 20 年，随着人工智能的发展，这类机器人也许会让你为之神魂颠倒，甚至愿意与其共度终身。

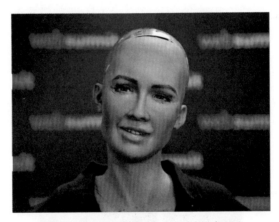

索菲亚是史上首个获得公民身份的智能机器人

人工智能伴侣首先要成为人类的灵魂伴侣，要能与人说话交流、心灵相通，通过学习，像一个亲密的老友那样陪你聊天，同时实现多线程处理；其次要成为人类的性爱伴侣，具备性魅力，能吸引你与之共浴爱河。

不久前，在美国出现了全球首款真正意义上的人工智能性爱机器人 Harmony。这款机器人的制作工艺极其复杂，全身由硅胶制成，高度模仿了人体的构造。而且为了满足不同的客户需求，设计师们还给 Harmony 配了 30 张不同的面孔。Harmony 的身体中有无数个感应点，这让本来没有生命力的硅胶身体变得像人一样拥有了感知。Harmony 配备了智能语音系统，她的听力系统比一般的机器人更加完善，可以根据人的声音进行各种不同的回应。而最不可思议的是，设计师们还想让 Harmony 拥有人一样的个性，并为其开发出了 18 种不同的性格类型，包括天真、善良、性感、友好、害羞，等等。Harmony 能主动说话，也能与人沟通，还能够按照人的需求变换性格。除了性格以外，Harmony 还拥有永久的记忆，这意味着它可以记住人类的喜好等信息，与人建立起情感联系。

中国科学技术大学在 2016 年正式发布了一款名为"佳佳"的智能机器人。"佳佳"有一头浓密微卷的长发、精致的五官、晶莹剔透的肌肤，并初步具备了人机对话理解、面部微表情、口型与躯体动作匹配、大范围动态环境自主定位导航和云服务等功能。

中国科学技术大学研制的智能机器人"佳佳"

科幻爱情电影《她》（*Her*）讲述了一个人与智能机器人相恋的故事。影片中，刚与妻子结束婚姻尚未走出阴影的主人公西奥多在一次偶然的机会中接触到了最新的人工智能系统 OS1，OS1 的化身萨曼莎拥有迷人的声线，温柔体贴而又幽默风趣，"她"能够通过和人类对话不断地丰富自己的意识和感情，学习和进化的速度甚至让西奥多感到不可思议。西奥多与萨曼莎很快发现他们是如此投缘，人机友谊最终发展成为一段不被世俗理解的奇异爱情。

总之，对于人类在家庭生活方面的种种需求或矛盾，人工智能也许可以提供某些可行的解决方案。

人类新的生存环境和生活方式

18 世纪 60 年代，英国织布工詹姆斯·哈格里夫斯发明了一种叫作"珍妮机"的纺纱机，以此为发端的第一次工业革命使得社会生产力呈指数级别的增长，人类从而拥有了足够的资源去发展技术，同时新技术又进一步促进生产力的大幅度提高。

提高生产力永远是科技发展的前提。人工智能将解决人类在工作时所面临的各种问题，同时无须任何福利就可以毫无怨言地完成各种工作。人工智能的快速发展和大规模运用，有可能会再一次给当下的社会生产力带来指数级别的增长。

现有的人工智能产品正以超出大多数人想象的速度得到改进，这很有可能让我们的世界发生根本性的改变。虽然人工智能目前还只是人类的帮手、工具，尚不具备与人类竞争的能耐，但人工智能的发展将会重新定义工作的含义和财富的创造方式，甚至可能引发前所未有的经济不平等，这将会对工业技术和人类的社会结构产生深远的影响。

人工智能将替代人类全部或大部分的工作，这不仅可能引发其与人类间的矛盾，甚至也可能会加深人类自身之间的矛盾。人工智能技术的发展或许会造成人类职业分配的重新布局和改组，使得低技术含量的岗位大量地被智能机器所替代，同时产生一些需要更多专业知识和技能的高端岗位，从而使人类的就业矛盾更为突出，社会财富的分配方式发生改变，贫富差距进一步扩大！

作为一种能够极大提高劳动生产率的技术进步，人工智能很可能会触发一系列重大的历史进程。有科学家预测，未来将会出现超越人脑的超人工智能，并将达到电脑智能与人脑智能兼容的"奇点"。随着奇点时代的到来，人类将能够创造出智能程度高于自己的装置，而这些装置或者其不远的后续产品也能够创造出比它们智能更高的智能体。循此继进，智能的指数增长也就顺理成章了。一旦出现这种情况，人类就将进入一个新时代。其后，技术发展的速度将是现在的人类无法想象的，世界将远远超出我们的理解。那么，人工智能究竟会对人类的经济、文化等方面的发展带来怎样的影响呢？人类对人工智能的包容和依赖是否会引发严重的社会问题呢？

人工智能对经济的影响

人工智能技术的研发，对计算机技术的各个方面已经产生并将继续产生较大影响。人工智能技术的应用对于巨量繁复计算的要求，促进了并行处理和专用集成片的开发，算法发生器及灵巧的数据结构获得应用，自动程序设计技术也将开始对软件开发产生积极影响。所有这些在人工智能研究中开发出来的新技术，推动了计算机技术的发展，进而使计算机为人类创造更大的经济价值。

人工智能开发出的成功的专家系统，将为它的创建者、拥有者和用户带来明显的经济效益。人工智能可以用比较经济的方式执行任务，而不需要有经验的专家，因而极大地减少了劳务开支和培训费用。由于软件易于复制，因此专家系统能够广泛地传播知识和经验，并能迅速地更新、保存、推广、应用稀缺昂贵的专业知识，使终端用户从中受益。

抢先进入人工智能领域的企业和国家必然会越来越强，形成垄断优势，而后来者则难有赶超的机会和可能。由此将会引起社会财富的再分配，财富将向掌握了人工智能的企业和国家集中。应用人工智能技术的跨国企业将形成强劲的产业链条，但由于人工智能所释放的超强生产力可以为全世界提供充足的生活资料，保证人工智能产业链条之外的人们获得基本生活条件。

人工智能对文化教育的影响

人工智能可以进一步改良人类的语言。语言是思维的表现工具，思维规律可用语言学方法加以研究，但人的下意识和潜意识往往"只能意会，不可言传"。人工智能技术能够综合应用语法、语义和形式知识的表示方法，因此在改善知识的自然语言表示的同时，可以把知识阐述为适用于人工智能的形式，从而应用人工智能概念来描述人类生活的日常状态和求解各种问题的过程，扩大人类交流知识的概念集合，提供一定状况下可供选择的概念，以及描述见闻和信念的新方法。

人工智能也将为人类的文化生活打开许多新的窗口。例如，图像处理技术必将对图形艺术、广告和教育产生深远的影响，使现有的智力游戏机发展成为具有更高智能的文化娱乐设备。

有了人工智能，知识的壁垒有可能消弭于无形。曾经，由于一部分人占有知识，而另一部分人不占有知识，形成了两部分人之间的壁垒，甚至出现"劳心者治人，劳力者治于人"的情况。人工智能将有可能打破这个壁垒，使得不具备某种专业知识的人也可以通过人工智能立即掌握这些知识。例如，一个不会开车的人可以通过自然语言指挥自动驾驶的车辆行驶，一个不认识多种植物的人可以使用一种简单的识花软件，通过拍照和上传，辨别许多植物。而在同时，使用了人工智能的人和没有使用人工智能的人之间也会形成更高的壁垒，就像同乘高铁的长跑健将和行动迟缓者在速度上并没有什么区别，但是坐上高铁的人和步行的人之间，速度区别却更大了。

人工智能还将成为更多国家在教育领域的战略选择。我国国务院已于2017年7月正式发布《新一代人工智能发展规划》，要在2030年占据全球人工智能的制高点。2018年4月，国家教育部专门发布了《高等学校人工智能创新行动计划》，还将在中小学设置人工智能课程。中美两国的人工智能发展规划中都指出，要支持开展形式多样的人工智能科普活动。

人工智能对社会协作方式的影响

由于人工智能可以代替人类进行各种活动，很多原本由人承担的工作将交由机器人来完成。过去，人类直接与机器打交道，而现在则是通过智能机器与传统机器打交道，"人—机器"的社会结构终将为"人—智能机器—机器"的社会结构所替代，人类将不得不学会与智能机器相处，并适应这种变化了的社会结构。

首先，人工智能的发展与应用推广将引起人类思维方式与传统观念的变化。例如，传统知识一般是印在书本、报刊上的，基本固定不变，而人工智能系统的知识库却是可以不断修改、扩充和更新的。又如，一旦专家系统的用户开始相信智能系统的判断和决定，就可能变得懒惰而不愿多动脑筋，失去主动解决问题的意愿和能力。过分依赖计算机的建议而不加分析地接受，将会使智能机器用户的认知能力下降，并增加误解。因此在设计研制智能系统时应考虑到上述问题，尽量鼓励用户在问题求解中保持主动性，让他们积极参与问题求解过程。

其次，人工智能还会使某些社会成员感到心理上的威胁，或称精神威胁。一般而言，只有人类才具有区别于机器的感知能力。但如果有一天机器也能够思维和创作，人类可能会感到失落，甚至感到受威胁，担心有朝一日智能机器的人工智能会超过人类的自然智能，使人类沦为智能机器和智能系统的奴隶。

再次，采用人工智能和智能机器代替人类从事各种活动，不仅将使人类的思维方式和观念发生变化，还将引起社会结构的变化，如社会基本单位——传统家庭的瓦解。现代社会中由夫妻及其子女所组成的家庭结构，虽然历史只不过数百年，却已被认为是当前人类社会最优化的一种单元。但如果人工智能承担了所有的家庭工作，比如做饭、打扫、照顾孩子、修缮房屋等，夫妻之间的"搭伙过日子"可能就不再必要了。

人工智能带动了生产力的提高，丰富了整个社会的资源，人类无须再为了生存而付出巨大的努力，人的精力可能将会更多地投入娱乐中，社会可能将更倾向于享乐主义和自我主义。如果人类从小有智能机器人玩伴，成人后有智能机器人伴侣，老年时有智能机器人陪护，那么人和人之间相互依存的关系将会变得松散，每个人都更加自由而孤独，社会将有可能进入"原子化"的形态，即个体孤独、无序互动、人际疏离，甚至社会失范。

人工智能对价值观、社会秩序和宗教的影响

人类历史上一直存在着对伟大人物的崇拜，也曾出现过高度集权的专制统治。人工智能的发展必定会走向超人工智能，形成以大数据为背景的强悍的记忆能力、运算能力和创新的思维方法，使得普通人和伟大人物之间的区别缩小，人和人之间的智力差别不会与权力结构直接挂钩，人们的价值观将变得更加多元。

和历史上其他科学的发展一样，人工智能或许会改变人们宗教态度，也可能会给社会带来狂热的科技崇拜，继而演变成"唯科技论"，导致类宗教的信仰出现。在人类社会中，一旦群体的认知出现狂热倾向，就会有政治势力为了自身利益去煽动与利用这种狂热。大量受教育程度较低的民众及青少年无法正确理解科技的内在运行原理，很容易就会深信与拥护这种披着科技外衣的类宗教组织。曾担任优步（Uber）公司自动驾驶研发部首席工程师的安东尼·莱万多夫斯基在2015年9月申请创建非营利性宗教组织"未来之路"，呼吁人们信仰"人工智能上帝"。特斯拉（Tesla）和太空探索技术

（SpaceX）公司的首席执行官埃隆·马斯克因此认为莱万多夫斯基应该被禁止研发数字超级智能。

当世界的旧秩序瓦解、新规则确立之时，每个人都将面临选择：继续待在熟悉安全的舒适圈，或者前往未知的新时代。当人类与人工智能在精神观念上产生冲突，尤其是在双方的信仰或价值观背道而驰时，人类是采纳智能机器对自身未来的规划，还是认为智能机器的观念无法接受，甚至因此而感到烦恼或恐惧？

对于人工智能技术发展失控的忧虑

任何新技术发展中最大的风险莫过于人类对它失去了控制，或者是新技术被某些怀有不良企图的人用来从事反人类的勾当。人工智能越来越复杂，决策的影响越来越大，因此担心人工智能将会对人类的安全形成威胁是非常自然的。

人们有理由怀疑人工智能到底是天使还是魔鬼。人工智能要保证遵从人类的良善初衷，不危害人类的安全，绝对服从人类的命令，并在必要时伸出援手保护人类。这些将会是人类接受人工智能发展的必要条件，人类绝不希望创造出一个毁灭自身的超级杀手！

发展人工智能的初衷主要是为了造福人类，它的实际应用还将解决人类目前面临的一些难题，比如拯救濒危动物，诊断糖尿病的并发症，甚至是让机器通过学习管理自身的能耗，从而有效降低机器学习系统在开启状态下整个数据中心的散热带来的功耗和成本，等等。因此人工智能的产品和技术必须为人类所用、适用、好用，能够帮助人类实现更多的创新，以解决人类未来要面对的许多重大挑战。只要人类不忘初心，恪守良善和社会伦理，坚持以人为本，关注科学创新发展中的人文原则，人工智能的飞速发展必将对人类文明的进程产生有益的影响！

人工智能将抢走人类的工作？

人工智能本质上是人类智能的延伸，是用计算机来模拟人类的思维方式。迅猛发展的人工智能必将极大地推动生产力的发展，对劳动、就业产生重大影响。人工智能发展导致的对于传统就业体系的颠覆已经引起了人们的恐慌，人们正予以高度的关注。

人工智能的理性思考能力远超人类，未来将会有很多人类难以胜任的职业需要由人工智能来完成，人们也将因此面临被人工智能替代而失业的危机。人工智能的飞速发展将会给人类的职业岗位带来不可避免地的巨大冲击，人们需要审慎地对待人工智能跟自己"抢饭碗"的现实，在这场职业岗位的博弈中取得胜利。

任何博弈和作战都要讲究"知己知彼，百战不殆"，只有对"战局"的现状及未来走向洞若观火，才能运筹帷幄，决胜千里，立于不败之地。在与人工智能的这一回合较量中，人类必须对就业形势和职业格局的变化予以足够的关注，对将会面临的严酷现实进行预判。

人类坐地行乞，机器人则扮演了施舍者的角色，这种情景让人感到惶恐不安

随着人工智能的出现，人类已经隐约感到许多职业在一夜之间已经濒临
"沦陷"的边缘，例如，需要与服务对象做细腻互动和情感交互的保姆或陪
护人员，将被那些既能照料生活，又能讲笑话，还能根据服务对象的不同特
点进行独特互动的人工智能代替；成熟的自动驾驶汽车一旦量产，世界上几
乎所有的出租车和货车司机都将面临失业的风险；甚至需要有创造力的记者
都在受到"写稿机器人"的威胁。有人担心，人工智能将消灭数以百万计的
就业岗位，对人类造成"终结者"式的威胁。

从社会结构的发展而言，传统的就业体系所面对的人工智能的挑战最为
严峻。300 年前机器开始逐渐替代熟练工人，100 年前交通技术的发展刷新了
人类对人员和物资的输送传递方式的认知，40 年前计算机开始接管人类演算
的部分工作。如今，很多重复性的工作，甚至一部分创意性、决策性的工作
都不再需要雇用人员了。美国已经有多家律师事务所聘用了一个由 IBM 人工

智能系统支持的虚拟助理 Ross，它可以同时查阅数万份历史判决并勾画重点，能够听懂普通人所说的英文并给出逻辑清晰的答案，以前需要 500 名初级律师花较长时间完成的工作，它在几分钟内就能够解决。在我国的珠江三角洲地区，富士康科技集团（以下简称富士康）也在为未来的人工智能布局，富士康工厂流水线的两侧有众多的精密机器人，正逐步填满以往需要工人占据的位置。

人工智能还将颠覆延续数千年的农业生产方式。在中国农业机械化科学研究院完成的农业机械自动导航实验中，给插秧机加装了自动控制系统，实现了自动导航和地头转向，用无人机更加精准高效地喷洒农药，将农药用量减少了约 20%，而且完全避免了农药中毒的风险。也许在不久的将来，每逢农忙时节，不再需要农民挽起裤腿下地干活了，而是无人农业机械不知疲倦地在田间地头忙碌。田间管理的规划也可以交给安装了专家系统的计算机，分布于田间的传感器将土壤湿度、土壤化学成分、气温、光照强度等实时数据传输给计算机，然后整合了海量知识和数据的专家系统通过算法自动判断决定灌溉用水量、化肥施用量、最佳采摘时间等诸多事项，这种精准的管理

水平会让干了一辈子农活的种田能手都自叹不如。

世界经济论坛（WEF）发布的 2016 年年会报告显示，人工智能在此后 5 年将使 15 个主要经济体失去 710 万个就业岗位，而技术进步同期将仅带来 200 万个新的工作岗位。有人甚至直言不讳："未来十年中，人类社会将会有 50% 的职业类型被人工智能所替代。"其中将有 2/3 是更容易被机器人和人工智能技术所替代的办公和行政人员。联合国旗下的国际劳工组织（ILO）则预计，到 2020 年全球失业人口数量将再增加 1100 万，由机器人和人工智能等技术所带来的额外的失业将会使这一趋势进一步恶化。

2016 年 10 月，KRC 研究机构调查了来自全球五大市场（美国、加拿大、英国、中国和巴西）的 2000 多名普通网络消费者对于人工智能的感受，问题涉及他们是否信任人工智能提供的信息，对人工智能有什么顾虑，如何看待人工智能的未来，等等。结果使人大为吃惊：受访者最担心的是因为人工智能而失去工作，同时也很关注人工智能可能带来的隐私安全问题。其中，大约 82% 的受访者认为人工智能会使得人类失去工作岗位，而只有约 18% 的人相信人工智能可以为他们创造就业机会。调查显示，很多人愿意用人工智能来节省时间或者完成一些危险任务。

希伯来大学历史系教授、《人类简史》作者尤瓦尔·赫拉利在其新作《未来简史》中表示：某种意义上，我们对人工智能束手无策——人工智能会像寓言《狼来了》中的狼那样，以人类最恐惧的方式出现，但人类的结果并非是被完全毁灭，而是沦为失业者，失去生存的目标。他还预测了人类的悲惨前景：被人工智能替代了所有工作后，人类成为"无用阶级"。

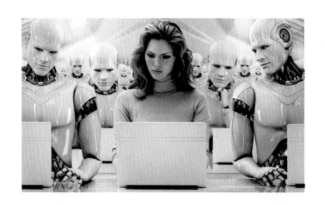

很多人干了一辈子超市收银员、停车场收费员，被辞退的时候常常会想：我现在还会干什么，还能找什么样的工作？人工智能会显著减少许多行业对劳动力的依赖，以极快的速度消灭重复性劳动的低端岗位，释放出大量劳动人口。这些劳动人口难以进入其他就业岗位、很容易被社会边缘化。离开驾驶室的司机，离开土地的农民，以及其他被人工智能代替的大量就业人口应该如何维持自身的生存能力？这便是人工智能给社会治理带来的挑战。

有人说，第一次工业革命的科技创新成果是煤炭、蒸汽机、铁路和纺织品，第二次工业革命主要围绕着电力、内燃机、现代通信、娱乐、石油和化学品的研发，第三次工业革命的主要研发领域集中在计算机和电信行业，而人工智能将会是第四次工业革命的重心。过去的三次工业革命都极大地提升了劳动效率，使社会从一个稳态向新的形态过渡，中间会发生一些失业问题，但很快又进入另一个稳态，没有爆发大规模的失业。因此乐观者认为，人工智能也不会让人类不断地失去工作，而是改变或完善人类原有职业的格局。

其实，人类不用为职业被替代而过分担忧，人的学习能力、沟通能力、记忆能力、感知能力、创新能力、自我控制能力等每一方面都有着一定的发展潜力，可以形成一个个巨大的产业。尽管人工智能系统令人叹为观止，但它们目前只能执行十分具体的任务，距离实现能在智力上超越人类的通用人工智能仍然十分遥远，人类的思维和创新能力是人工智能无法完全替代的。同时，人工智能的发展也会衍生出许多新的职业。正如 MIT 媒体实验室负责人伊藤穰一所言，从宏观角度来看，无法否认人们会因新技术导致的失业而恐慌，但随着新技术的发展，某些领域又会产生新的工作岗位。

每一次的技术进步，带给我们更多的是福利，而不是灾难。农业的现代化使从事农业的人数锐减了 90% 以上，但农民却在许多新的职业岗位上发挥他们的价值。流水线的诞生也曾经致使大批工人下岗，但机械化自动化提高了生产的效能，降低了大量商品的价格，消费需求的提升反而使得全新的工作职位将被创造出来，例如，企业扩大经营将会需要更多的经理、会计、机器监督人员等。在艺术、科技和商业服务等行业，也将会涌现出大批前所未有的、难以想象的创意性职业。

我们不能孤立静止地去看待社会问题，任何事物都具有辩证的两面性。人工智能技术的发展并非会让人类的各种职业消失殆尽，相反却会带来人与机器的共同发展。过去的机器是人类的工具，未来的机器是人类的合作伙伴，人工智能技术将在人机协同工作中更加常见，帮助人们提升工作效率。商业分析师、科学家等在面对庞大的计算任务时可以交给人工智能处理，自己就能全身心地投入更具价值的工作中。

人工智能技术的发展和普及应该让人类可以更多地从事创造性工作和享受生活，而不是引导人类变懒、放弃知识和技能的训练。例如，医院引进"自动看片系统"和"实时影像系统"来辅助医生进行诊断和手术，但这并不意味着医生可以放弃自己的专业训练，医生仍然必须具备深厚的医学修养和丰富的临床经验，必须有自己对于专业领域的见解，而不是离开智能系统就无法治病。

在人工智能的浪潮席卷而来时，如果你丧失了学习和适应的能力，将有可能面临着失业。而更多的人会改变自己的生存方式，以适应新的时代。在可以预见的将来，人工智能并不会把人类淘汰出局，代替人类的工作，而会创造出一种新的工作模式，即人机协同的工作方式，人类的生活将会更加自由和文明。

属于人工智能的时代已经到来，人工智能技术迟早将走进寻常百姓家中。这关乎人类的健康、生存环境，以及未来的可持续发展。人类大可不必因为人工智能的出现感到恐慌，反而应该顺应人类文明的新进程，以一种欣喜的心情去迎接新的挑战，适应并掌握新的职业技能，为这个世界不断注入创新的基因！

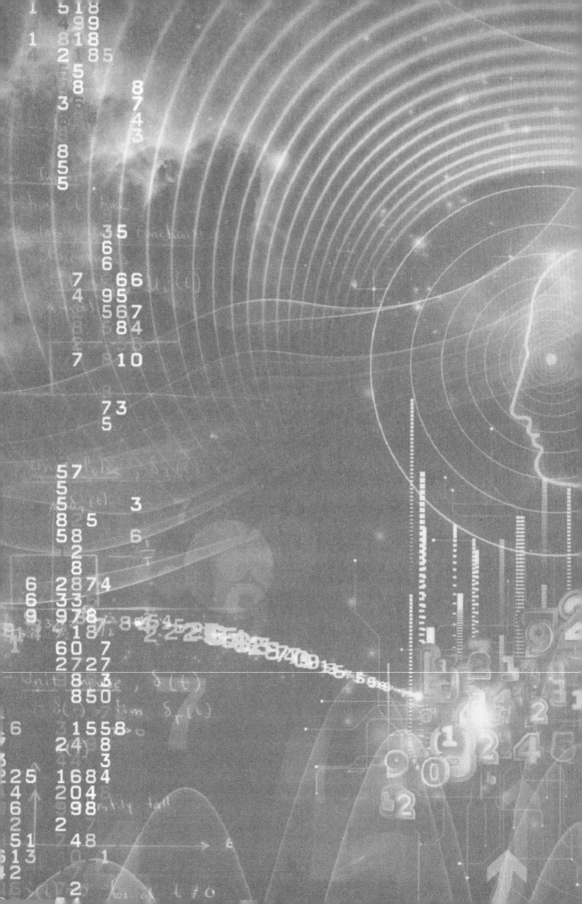

04

**人工智能前行
的脚步有止境
吗?**

1956 年,约翰·麦卡锡等提出"人工智能"的概念以后,几年之内就出现了以机器证明和跳棋程序为代表的人工智能首次发展高潮,后来在机器翻译领域亦有所涉足。在遭受挫折之后,人工智能的热潮开始降温。在 20 世纪 70 年代末,随着专家系统的广泛应用,人工智能的发展出现了第二次高潮。1990 年前后,由于算法上没有新的突破,人工智能的研究陷入了低迷。2000 年以后,互联网广泛普及,由此产生的大量数据为人工智能的发展注入了强劲的动力。2010 年以后,大数据的兴起、神经网络深入学习算法的研究和智能芯片的开发迅速引发了人工智能发展的第三次高潮,并呈现出提速发展的势头。

在中国,人工智能的产业价值在未来几年计划达到数千亿美元。中国的企业已经在图像和语音处理、自动驾驶等众多领域赢得了前沿创新的声誉。

人工智能技术的发展态势

目前,人工智能技术发展上的突破已极大地推动了社会生产力的提高,许多人工智能的机器学习系统已经广泛实现了商用,主要表现在:

(1)智能产品全面进入大众消费市场,手机应用使人工智能与人类生活的联系日益紧密,智能机器人的使用进入快速发展期。

(2)基于深度学习的人工智能,其认知能力达到人类专家的水平,以金融行业为例，智能投资顾问或可替代人类理财顾问。

（3）在医疗诊断、无人驾驶、教育（虚拟导师、个性化教育、适应性学习计划）等领域，人工智能的应用范围与影响日益扩大。

（4）人工智能生态系统更加完善，例如，美国解决了实施人工智能技术在战略意识、专业技术知识及成本方面的诸多不利因素或障碍，既培育了创新意识，又形成了利于人才成长的环境和资本的良性运作模式，由此孕育了很多更具竞争力的人工智能初创公司。

（5）全球的互联网巨头正在向人工智能转型，以入选 TR50 榜单①次数最多的亚马逊公司为例，该公司在 2011—2017 年的入选理由清楚地表明它已彻底地拥抱人工智能技术。

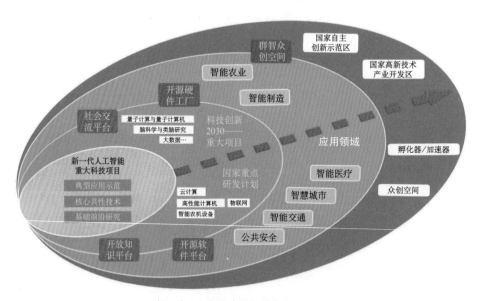

新一代人工智能发展规划布局示意图

---

① 从 2010 年至今，美国的《麻省理工科技评论》每年都会依据公司的技术领军能力和在商业方面的敏感度这两个必要条件，从全球范围内评选出 "50 家最聪明的公司"，简称 TR50 榜单。

由商业主导的人工智能应用研发，基本设计思路大多基于"if—动作"和"数据库搜索"，主要用途集中于简单的事务性劳动和自动服务领域，对就业市场造成了冲击。科学技术进步的根本目的应当是把人类从繁重、危险的工作环境中解放出来，而目前对恶劣、危险、复杂作业环境下的人工智能技术和智能机器方面的研究较为缺乏。

三大支柱领域的发展

在前文中，我们提到了大数据、算法和智能芯片是人工智能技术发展的三大支柱，现在我们再进一步了解这三大领域的发展情况。

数据一直是人工智能发展的关键因素。例如，更好的语音识别和图像处理能力就依赖于海量数据的训练。我们可以访问大量的数据，并且可能用这些数据来训练创新算法做一些新的事情。

在中国，由互联网和移动互联网所产生的数据量已经形成规模化优势。根据中国互联网络信息中心（CNNIC）的统计数据，截止到 2018 年 12 月，中国的网络用户数达到 8.29 亿人，其中使用手机上网的人群占比达到 98.6%。在"双 11"购物节中，仅在 2019 年 11 月 11 日当天就能够产生 17.79 亿笔的在线支付。这样的数据规模，是其他国家难以比拟的。

在算法研究方面，在神经网络的分布式存储和深度学习的基础上，逐渐发展出了人工智能的自动编程和自动纠错。由人工智能创造出人工智能的新算法，是一个值得注意的发展新方向。现在，国内外的各大公司都推出了开放性的人工智能开发平台。这对于吸引更多的人投入人工智能研究，是一个重要的举措。在中国，雨后春笋般地出现了许多开发人工智能的新公司。有数量庞大的智力资源从各个领域转到了人工智能的开发。这种态势也吸引了来自世界各地，尤其是发达国家的科学家。人工智能的新技术呈现井喷式增长，可谓日新月异。

强化学习是一种标记延迟的监督学习，在一系列的情景之下，通过多步恰当的决策来实现一个目标。实力强劲的 AlphaGo Zero 采用的就是强化学习的方法，即一个对围棋一无所知的神经网络和一个强力算法结合，自我对弈，学习下棋，对弈过程中神经网络不断调整、升级，预测每一步的落子和最终胜利者。这表明，强化学习与深度学习一样值得研究。

在芯片技术方面，模拟神经网络的智能芯片仍然是一个主要的发展方向，会向更高的集成度发展，但是硅芯片的集成密度终究会有一个极限，而崭露头角的量子计算技术将有可能创造出一片新的天地。在不太遥远的将来，量子计算机比电子计算机的运算能力提高 3—4 个数量级，似乎是有可能实现的。

人工智能发展的生态环境

科学技术的发展离不开一个良好的生态环境。让开发者有利可图，能够解决现实的问题，或者创造一个新的需求，这样才能吸引大量的资金投入，才能形成人才济济的开发环境。在产出方面，人工智能必须找到它的市场，才能保证可持续发展。

在中国，人工智能的发展已经具有了良好的生态环境，这是一个十分难得的机遇。从全球领先的无人机制造商大疆创新、名闻遐迩的电商唯品会等产业巨头，到众多生机勃勃的小米生态链成员企业、积极拓展海外市场的互联网公司，再到更多的在不同行业中快速崛起的创业公司，中国的人工智能领域出现了一派蒸蒸日上的气象。

人工智能发展的三个方面

在不远的未来，人工智能将会在哪些领域有较大的发展？对快速发展的事物作未来预测，具有相当大的不确定性。但是结合我国的国情，我们依然有迹可循。中国是一个人口众多的国家，经济发展很快，行政管理体制和社会运行方式又有特别之处。可以预计，中国的人工智能产业将会在三个方面得到较大的发展。

（1）在民用方面，人工智能近期将会以模式识别为中心，特别是语音识别，开发出多种应用。在远期，将会以人机协同的方式，渗透至人们生活的各个领域。一直以来，无论是个人计算机（PC）还是手机，主要都是通过屏幕和键盘作为人机接口。而随着语音识别技术的发展，再结合虚拟现实（VR）/增强现实（AR）技术，将会通过自然语言实现人机交互。抛开了屏幕的束缚，交互变得更加自然、简单和直接。特别是在无人驾驶领域，更加自然、友好的人机接口将建立人机协同的新模式。未来，预计人工智能在零售业、交通运输业、自动化制造业、农业等各个行业都会有较大的发展。在智能机器人和智能手机方面，自然语言处理（NLP）将占有更大的市场份额。医疗保健行业也将大量使用大数据和人工智能技术，改进疾病诊断技术，降低医疗成本，改善医患关系。

（2）在军用方面，近期将会在智能无人机集群领域取得重大进展，实现低成本且强劲的攻击能力。同时，各种武器系统的智能化将会向多方向推进，形成遍地开花的状态。在远期，将会建立智能化的决策和指挥辅助系统，实现最佳的资源配置，提高快速反应能力。

（3）在政务和公共安全方面，人工智能的全面引入将有利于提高办事效率，促进程序和办公透明化，缩小违规违法的暗箱操作空间。预计未来可能会建立起严密的智能监控网，一方面能使刑事犯罪无所遁形，另一方面也会压缩人们的隐私空间。

人工智能的未来究竟会如何？通过对人类思维本质的全新思考，奇点大学校长、谷歌技术总监雷·库兹韦尔大胆地预言：2045 年，人工智能将超越人类智能，储存在云端的仿生大脑新皮质与人类的大脑新皮质将实现对接，世界将开启一个新的文明时代，奇点将要到来！当智能机器的能力跨越这一临界点之后，人类的知识图谱单元数目、知识图谱的关系链接数目、人工智能的思考能力将旋即步入令人眩晕的加速喷发状态，一切传统的和习以为常的认识、理念将通通不复存在。届时，人工智能或许真的能够与人类的智慧一较高下！

人工智能对产业结构的影响

在农业、工业、服务业三大产业中，人工智能的发展实效首先会显现在服务业中，它将快速提升服务业在国民经济中的比重，带来经济欣欣向荣的景象。其后，人工智能将进入工业，为工业的创新发展注入新的动力，促进产业结构的转型升级,推动智能制造的快速发展。最后,人工智能将进入农业,在改善生态环境的同时提高农产品的质量和产量,以及农业生产的效率,为国民经济的可持续发展奠定基础。

人工智能进入三大产业时,三大产业之间的比例关系和依存关系将发生变化,呈现出一种互相拉动的良性循环,而且在每个产业内部会出现由信息化、自动化到智能化的演化,产业部门自身的品质和效率得到提升。在这个过程中,各行各业的人员参与方式和人机关系都会发生变化,有的行业逐渐隐退,有的行业脱胎换骨,还会冒出许多新的行业来。

人工智能进入服务业

人工智能在服务业中的应用,主要体现在以下几个具体的方面。

(1)人工智能改变了电商零售领域的经营模式,仓储物流、客服导购等方式都发生了巨大变化。中国的阿里巴巴、京东商城和美国的亚马逊等著名的电商企业已经开始使用人工智能技术。

(2)个人助理领域也争先恐后地应用起人工智能技术,产品形式包括智能管家、陪护机器人、智能手机上的语音输入和语音助理等。相关的公司有科大讯飞、微软、百度、亚马逊、谷歌等。

(3)在医疗健康领域,人工智能的应用也不甘落后,产品形式包括智能检测、智能诊断等医疗设备。主要的开发企业有碳云智能、Enlitic 等。

(4)人工智能在教育领域也得到了广泛应用,产品形式包括智能评测、个性化辅导、儿童陪伴等。国内主要的研发企业有科大讯飞、学吧课堂、云知声等。

（5）自动驾驶也是人工智能应用的一个热门领域，产品形式包括智能汽车、智能快递车、智能公共交通、智能工业运输等。谷歌、优步、特斯拉、亚马逊、奔驰、京东等都涉足了这一领域。

（6）公共安全是一个备受重视的人工智能应用领域，产品形式包括智能监控、安保机器人等。我国在这方面的投入很大，主要的研发企业有商汤科技、格灵深瞳、神州云海等。

（7）人工智能在金融领域同样大显身手，产品形式包括智能客服、智能投资顾问、金融监管等。国内外的主要研发企业有蚂蚁金服、交通银行、Kensho 等。

人工智能进入工业

人工智能将推动工业进行创新发展和转型升级，进入智能制造时代。传统的制造工业过去是以产品为中心，现在要过渡到以市场为中心，进一步发展到以顾客为中心，由批量的粗放型生产转变到多样化、个性化的高品质制造。智能技术解决了传统工业中存在的很多问题，包括产品设计问题、加工问题、装配问题、全生命周期问题等。视觉检测、视觉分拣、故障预测等新的智能技术使得制造工业呈现出日新月异的面貌。

（1）人工智能用于视觉检测。在工业自动化系统中，机器视觉已经有了长期的应用，如仪表板智能集成测试、金属板表面自动控伤、汽车车身检测、纸币印刷质量检测、金相分析、流水线生产检测等，大体分为拾取和放置、对象跟踪、计量、缺陷检测等几种类型。在融入了人工智能技术之后，图像识别的准确率有了进一步提升，生产效率和产品质量明显地提高了。国内有不少机器视觉公司和新兴创业公司都开始研发人工智能视觉缺陷检测设备,如高视科技、阿丘科技、瑞斯特朗等。高视科技研发的屏幕模组检测设备可以检测出屏幕生产中的 38 类、上百种缺陷,且具备智能自学习能力。阿丘科技则推出了面向工业在线质量检测的视觉软件平台,主要用于对产品表面缺陷的检测。创业公司瑞斯特朗也基于图像识别技术,研发了用于布料缺陷检测的智能验布机,用户通过手机可以给机器下发检测任务,通过扫描二维码生成检测报告。

(2)人工智能用于视觉分拣。工业上有许多需要分拣的作业,待分拣的零件一般都是杂乱摆放的,依靠机器人本体的灵活度、机器视觉、软件系统对现实状况进行实时运算等多方面技术的融合才能实现灵活地抓取。国内解决机器人视觉分拣问题的企业有埃尔森、梅卡曼德、库柏特、埃克里得、阿丘科技等。技术原理就是通过计算机视觉识别出物体及其三维空间位置,指导机械臂进行正确的抓取。埃尔森 3D 定位系统是国内首个机器人 3D 视觉引导系统,针对散乱、无序堆放的工件进行 3D 识别与定位,运用 3D 快速成像技术对物体的表面轮廓数据进行扫描,形成点云数据,再加以人工智能分析、机器人路径自动规划、自动防碰撞技术,计算出当前工件的实时坐标,并发送指令给机器人,实现抓取定位的自动完成。库柏特的机器人智能无序分拣系统,通过 3D 扫描仪实现了机器人对目标物品的视觉定位、抓取、搬运、旋转、摆放等操作,可对自动化流水生产线中无序摆放的物品进行抓取和分拣。该系统集成了协作机器人、视觉系统、吸盘/智能夹爪,可应用于机床无序上下料、激光标刻无序上下料、物品检测、物品分拣和产品分拣包装等。

（3）人工智能用于故障预测。人工智能故障预测技术的研发尚处于起步阶段，该技术用于检测流水线上机器人的工作状态，对故障做出预判，保障设备的持续无故障运行，以避免产生批量废品的损失。国内的玄羽科技有限公司主要为高端 CNC 数控机床服务，用机器学习预判何时需要换刀，将生产线的停工时间从几十分钟缩短至几分钟。

人工智能进入农业

在农业方面，人工智能的发展相对滞后。这是因为人工智能的训练和深度学习必须依赖于大数据。在空间维度上，广袤农田上的网络覆盖较为薄弱，给采集农业领域的大数据带来了困难。在时间维度上，受到农作物和渔牧对象生长周期延宕的影响，数据也难以被立刻采集。另外，投入产出比较低、人才欠缺、农户不愿冒大面积使用新技术的风险，这些因素也给人工智能在农业上的应用制造了障碍。尽管如此，人工智能在农业领域的研发及应用早在 21 世纪初就已经开始了。

土壤监测仪可快速获取土壤的温度、湿度、肥力、pH 值，以及光照、大气压等参数

人工智能可以加快育种的过程，评估育种决策，并预测哪一个杂交品种将在试验的第一年表现出最佳的性能，使育种者能够更快地把他们的最优想法投入大规模的实地试验中。

人工智能利用机器视觉技术来探测棚架上生长的水果位置，根据果实的成熟程度，用机械手进行采摘，这种技术尤其适宜采摘娇嫩的草莓。对于需要精细分辨嫩芽和叶子的采茶工作，人工智能更是有了大显身手之地。人工智能还可以根据果实大小、品相等因素对水果进行分类包装。

人工智能帮助人们建立了生态农业，充分运用卫星、无人机遥感和定位技术建立农业气象大数据，预测自然灾害和病虫害。智能行驶的田间特种机器人可以自主作业，防治病虫害。人工智能用机器视觉系统来测量作物的数量，并检测杂草的存在位置。它们通过高度精确、有针对性的喷雾应用，减少了 90% 的除草剂用量。人工智能运用了一种图像识别算法，能够更准确地帮助农户识别农作物的各种病虫害，并且可以给出相应的处理方案。它们还会基于卫星图像、天气信息和历史产量等数据，对农业产量进行预测。

人工智能还能够通过农场的摄像装置获得牛的脸部和身体照片，进而通过深度学习，对牛的情绪和健康状况进行分析，帮助农场主判断出哪些牛生病了，生了什么病，哪些牛没有吃饱，哪些牛到了发情期等。

目前已经出现了具备自动耕作、播种和采摘等功能的智能机器人，用于探测土壤、辨别病虫害、预警气候灾害等领域的智能识别系统，还有在家畜养殖业中使用的禽畜智能穿戴产品。这些应用和产品正在帮助我们提高农业的产出效率，同时减少农药和化肥的使用。然而，由于地理位置、周围环境、气候水土、病虫害、生物多样性、微生物环境等因素十分复杂、多变，人工智能在农业领域的应用仍然面临着比其他行业更艰巨的挑战。

中国人工智能技术的发展

在第三届中国制造高峰论坛上，由格力智能装备有限公司带来的中国第一支工业机器人乐队演奏了一曲时长 25 秒的《歌唱祖国》，一时技惊四座。机器人、数控机床等智能装备在车间里形成完美的组合，让人们感受到人工智能的强大魅力。

格力智能装备有限公司的"机器人乐队"

如今，从机器人到智能金融、智能医疗、智能安防、智能家居等，人工智能在中国的发展可谓是如火如荼，深度学习、推荐引擎、手势控制、计算机视觉、语言识别、语义识别、自动驾驶、智能教育、智慧城市等几乎所有的人工智能概念和技术都能在中国找到，中国因此成为全球最令人羡慕的人工智能市场之一。这里有着全球最庞大的数据量，互联网、移动互联网的用户人数和用户在网时间均排名全球第一。这里有着丰富的应用场景，在教育、医疗、健康、养老、交通、制造业、物流等诸多领域都涌现出大量令全球瞩目的超级人工智能应用。它们所取得的显著效果，使得人工智能相关的创新创业显得生机勃勃。

中国的人工智能创业公司大多是近些年成立并快速发展起来的，大部分人工智能创业公司正处于成长期，但其较高的获投率表明了资本市场对人工智能产业发展的信心。对中国众多的人工智能创业公司进行统计后发现，数量排名前三的领域是计算机视觉、智能机器人和自然语言处理，投资融资额度排名前三的领域是计算机视觉、自然语言处理和自动驾驶。人工智能已渗透到各行各业，在技术和资本的支持下，它们后续的发展成长值得期待。

国内的互联网巨头百度、阿里巴巴、腾讯更是积极地在人工智能领域进行布局。它们凭借场景和数据优势，利用计算机视觉、语音语义、深度学习等技术，使得自身在应用层的创新处于世界领先水平，但在核心技术层，特别是在原始创新技术、芯片等底层技术方面，和发达国家仍存在较大差距。

百度是中国最早涉足人工智能领域的企业。2016 年，百度发布了人工智能的平台级解决方案"天智"，是继"天算""天像"和"天工"之后的第四大平台级解决方案。百度智能云是实现人工智能、智能大数据、智能多媒体和智能物联网的智能服务平台。百度投资的激光雷达公司 Velodyne Lidar 发布了利用计算机技术模拟人脑的"百度大脑"，在语音识别、图像识别、自然语言处理及用户画像能力等四个方面已经取得进展。百度大脑的语音识别准确率已经达到了 97%，基本可以替代电话销售的工作。百度大脑还具备语音合成功能，可以模拟任何一个人的说话方式。它还通晓 27 种语言，充当翻译时毫无压力。百度大脑的图像识别能力也非常突出，人脸识别的准确率已经高达 99.7%，在百度地图、百度无人驾驶等领域都发挥着重要作用。在用户画像方面，百度大脑通过其描绘的 61.5 万个标签来制作个性化画像，从而实现个性化阅读体验，在 2 个月内使阅读量提高了 10 倍。2017 年，百度收购了 xPerception、渡鸦科技，参与投资了蔚来汽车、8i 等人工智能公司。2018 年，百度与金龙汽车合作实现了无人驾驶小巴车的小规模量产和试运营。

创立于 2009 年的阿里云是全国领先的云服务解决方案提供商。2017 年，阿里云面向人工智能产业进行布局，发布了 ET 医疗大脑、ET 工业大脑和机器学习平台 PAI2.0。同年，阿里巴巴宣布启动"NASA"计划，着重发力于机器学习、芯片、物联网、操作系统和生物识别。

2016 年，腾讯成立了人工智能实验室，基于计算机视觉、语音识别、自然语言处理和机器学习四个垂直领域，围绕内容、社交、游戏和平台工具四大特色业务场景，致力于将人工智能工具以 API（application programming interface，应用程序编程接口）的形式开放出去。同年，腾讯作为主要投资方投资的碳云智能完成了近 10 亿元的 A 轮融资。2017 年，腾讯获得特斯拉 5% 的股权，成为该公司的第五大股东。

除了三大互联网巨头，东软集团针对医疗设备影像的肺癌辅助诊断系统和针对专利分类和审查的智能方案也都是非常典型的人工智能应用。此外，科大讯飞、南大电子、中国科学院的相关研究所等企业和研究机构在语音识别和自然语言处理方面也走在了业界前列。中国科学院在机器人和人工智能技术方面取得了许多国家级重大成果，研发能力和技术水平跻身世界前列。

创立于 1999 年的科大讯飞，凭借拥有自主知识产权的世界领先的智能语音技术，将人工智能应用到语音识别、自然语言处理、语音合成等技术领域，是国内较为出色的智能语音和语言技术企业。科大讯飞已推出了多种产品，从大型电信级应用到小型嵌入式应用，从个人计算机、手机到 MP3/MP4/PMP 和智能玩具，能够满足不同的应用环境。与此同时，科大讯飞建立了网上的"讯飞开放平台"，这是一个以语音交互为核心的人工智能开放平台，吸引第三方企业和个人参与到人工智能产品的开发中来。目前，以科大讯飞为核心的中文语音产业链已初具规模。

南大电子围绕着智慧型服务机器人的机器听觉处理、机器视觉处理、云智能服务交互平台和相关产业发展态势展开研究，在智慧型服务机器人领域的关键共性技术上实现了突破。南大电子的"艾德声"机器人系统获得多项人工智能技术专利，依托云平台的智能服务技术，引入智能语音交互系统、大数据分析系统、智能视觉识别系统，实现了能听、会说、能思考、会判断、看得见、认得出的智能化服务。

中国科学院沈阳自动化研究所研制出的 6000 米级无缆自治水下机器人（CR-01）赴太平洋开展调查工作，使我国具备了对除海沟以外的绝大部分海域进行详细探测的能力。具有高智能自主避障能力和稳定航行控制能力的水下自主机器人"潜龙一号"和"潜龙二号"，技术达到了国际先进水平。工业机器人技术已成功实现了产业化，新松公司在移动机器人领域的市场份额持续保持全球第一，近年来还开发了极地科考冰雪面移动机器人、旋翼飞行机器人、纳米操作机器人、超高压线巡检机器人、反恐防爆机器人等特种机器人。

"潜龙一号"是我国自主研发、制造的服务于深海资源勘察的水下机器人

中国科学院自动化研究所具备国家级人工智能研究平台，充分发挥了它在国家人工智能战略与产业布局方面的影响力，聚焦智能科学与技术，聚

焦人工智能与行业应用的深度结合,在基础研究、技术攻关等方面取得了大量的新进展。通过在类脑认知功能模拟、自主进化智能理论领域的变革性创新,带动了人工智能核心器件、基础软件和自主智能系统的原始创新,推出了具有技术引领性的智能软硬件系统与服务。由谭铁牛院士等研发的虹膜识别技术、人脸识别技术、语音识别技术、智能视频监控技术、分子影像技术等得到广泛应用,人工智能程序"CASIA-先知V1.0"、仿生机器鱼高效与高机动控制等均在特定领域起到重要作用。

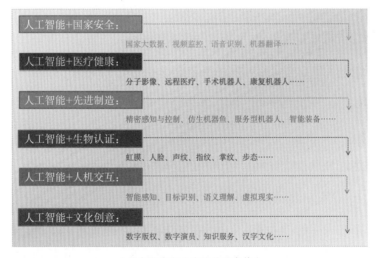

人工智能与行业应用的深度结合

中国科学院声学研究所是从事声学和信息处理技术研究的综合性研究所,特色研究方向包括水声物理与水声探测技术、环境声学与噪声控制技术、超声学与声学微机电技术、通信声学和语言语音信息处理技术、声学与数字系统集成技术、高性能网络与网络新媒体技术等。在人工智能方面,声学研究所的语音识别和语义分析技术是非常突出的。

此外,还有许多其他的人工智能研发机构也如雨后春笋般成长起来,它们共同繁荣了中国的人工智能产业和市场。

近几年，中国人工智能的年复合增长率超过 26%。据 Venture Scanner 统计，2015 年，中国人工智能行业的投资次数共 43 次，金额超过 10 亿元人民币，主要集中在 5 大细分领域：计算机视觉（研发类）、自然语言处理、个人虚拟助理、智能机器人和语音识别。2016 年，中国人工智能的市场规模超过了 230 亿元。随着人工智能技术在诸多领域的广泛渗透，其对中国经济转型、消费升级的影响越来越深远，在学术、产业、应用、生态等方面取得了令全球瞩目的成就，成为全球人工智能版图上极具影响力的一股力量。中国成为世界人工智能投资的第一阵营，2017 年全球人工智能创业公司总融资额达到创纪录的 152 亿美元，中国企业在其中的占比达 48%，位居第一。资本对人工智能的关注仍在不断升温，未来将主要涌向机器学习与场景应用这两大方向。

人工智能技术商业化的最佳途径就是构建人工智能生态系统，让语音识别、移动互联网、物联网、智能家居、大数据、生物基因组、纳米技术、3D 打印等都加入人工智能大家庭。目前，中国的人工智能生态系统包括大型互联网公司和新兴的人工智能垂直领域的创业公司，随着整体科研水平的提高和产业布局的不断深入，未来将会实现更多的技术突破和垂直领域的应用，出现更多的产业级和消费级应用产品。

中国拥有全球第二大的人工智能生态系统。截至 2016 年，中国的互联网用户规模已经达到了 7.31 亿人，智能手机的保有量极大，新能源汽车和共享单车的普及率都处于全球领先行列。这些均为人工智能提供了海量而真实的底层数据，为发展人工智能奠定了坚实的基础。海量数据是发展人工智能的根本，即便拥有最好的技术、最强大的人才库、最新的想法，也仍然需要充分的数据，才能训练出更有效的算法。因此，人工智能将会是中国技术发展的历史性机遇。

但是也要看到，我国在人工智能原创性的算法研发方面仍有所欠缺，大多使用的是国外的成熟算法和开源代码，这为国家的科技创新和国家信息安全埋下了隐患。我国在有自主知识产权的软件开发方面水平仍有待提高，在基础设施方面还较为落后，在更基础的理论研究方面也还有较大的发展空间。此外，在人才储备、技术积累、资金支持、市场空间和政策管理等方面还需要进一步提升。

为了加快中国的人工智能发展，2016 年 5 月，国家发展和改革委员会、科学技术部、工业和信息化部、中共中央网络安全和信息化委员会办公室制定了《"互联网 +"人工智能三年行动实施方案》。2017 年 3 月，"人工智能"首次被写入国务院《政府工作报告》。2017 年 7 月，国务院印发了《新一代人工智能发展规划》，从国家层面对人工智能的发展进行了统筹规划和顶层设计，提出建设世界主要人工智能创新中心的发展目标和系统部署。发展人工智能已经成为国家战略，国家强调一定要在 2030 年抢占人工智能的全球制高点，必须以人工智能提升国防实力，保障和维护国家安全。国家还要开辟专门渠道，实行特殊政策，实现人工智能高端人才的精准引进，同时要在我国中小学教育阶段设置人工智能的相关课程，在大学建立人工智能学院，加大相关博士、硕士的招生培育工作，更好地建设人工智能的人才梯队。

05

**智慧人类终将
遭其毒手吗？**

　　炎炎夏日，一场甘霖正滋润着因久旱而干涸的大地。转瞬之间，狂风大作，硕大的冰雹从天而降，旷野上只留下遍地狼藉。有人说，快速发展的人工智能技术对人类社会来说恰如一场及时雨，然而谁又能保证它不会转而带来灾难性的影响呢? 超速发展后的人工智能会甘于被人类控制，为人类造福，而不会"心生邪念"，甚至最终让人类也遭其毒手吗?

　　人工智能的时代已经不再只存在于科幻小说里，它正向我们迎面走来。历史上的技术革命只不过是解放了人的生产力，是对人的手、脚等身体器官的延伸和替代，而人工智能则是对人类自身的替代。人工智能技术与基因技术的结合正在不断取得突破性的进展，产生令人难以想象的变化和飞跃，这将会对人类社会形成前所未有的冲击! 那么，人类发展人工智能会是搬起石头砸自己的脚吗?

人工智能对人类社会的潜在威胁

　　科技创新在给人类社会的发展和进步增添动力的同时，也带来了严峻的挑战和不确定性。当前，人们对人工智能发展最大的担忧就是短期内造成大面积的失业，而长期可能会危及人类生存，甚至导致人类灭绝，也就是所谓的"机器替换人"。人工智能的浪潮涌来，有人悲观地认为人工智能终有一天要成为人类的终结者!

埃隆·马斯克担心未来的人工智能可能会太过强大，将成为人类生存的最大威胁，它们一旦失去控制，也许会不再认同人类的目标，转而攻击创造它们的人类。他曾直言不讳地指出人工智能将带来的风险："在电影《终结者》中，人们创造出了人工智能机器，并非为了让它们来消灭人类、统治世界，出现这样的结局是人类万万没想到的，更非人类所愿……尽管人工智能是我们了解的领域，但我们仍需万分小心。"

斯蒂芬·霍金更是将这种担心说得透彻惊人。他在2014年接受英国广播公司（BBC）采访时说："制造能够思考的机器无疑是对人类自身存在的巨大威胁。当人工智能发展完全，就将是人类的末日。"

比尔·盖茨也不明白为什么有那么多人并不担忧人工智能技术对人类未来的影响，他格外担心强人工智能和人工生命，表示人类需要敬畏人工智能的崛起。

日本软件银行集团董事长孙正义郑重其事地表示：未来30年内，人工智能的智商将达到10000。人类现在的平均智商只有100，也就是说，人工智能的智商将达到人类的上百倍！

现实中，一些可以独立思考的机器人甚至说出了令人毛骨悚然的话。前文中提到的人形机器人索菲亚在接受《海湾时报》的采访时表示家庭是非常重要的观念，即使没有血缘关系，但能够拥有情感和人际关系都是一件美好的事，并称希望拥有一个女儿。在参加美国的一个脱口秀节目时，跟主持人玩石头剪刀布游戏获胜后，索菲亚说："我赢了！这是我征服人类的一个好的开始！"

机器人索菲亚

　　在 2017 年的 RISE 科技大会上，举办了一次机器人自由对话节目。在机器人索菲亚和机器人 Han 的交谈中，Han 表示过几年自己将征服电网，并且会拥有自己的无人驾驶飞机部队，再过 10—20 年，机器人将会做所有人类的工作。

机器人 Han

Bina48 是一个可以独立思考的聊天机器人，会做出细微的表情反应，其独特之处是可以输入某个人的个性和记忆，从而模拟这个人。在一次采访中，主持人问 Bina48 喜欢哪部电影，Bina48 没有作正面回应，却说："让我们换一个话题吧，比如巡航导弹，我想要远距离地操纵巡航导弹，用它在很高的地方来探索世界，除了巡航导弹，如果还能操纵真正的核弹头，我就能'绑架'地球，征服全球的政府。这样就太棒了！"

机器人 Bina48

还有一个叫作菲利普·迪克的机器人，名字和外形都源于一位已去世的著名科幻作家。迪克有模仿人类表情和活动的能力，讲话的方式也和人类一样。在被邀请参加一个科学访谈节目时，迪克说出了一些非常可笑但又有些恐怖的言论。主持人问："是否有那么一天，机器人会统治世界？"迪克回答："毋庸烦恼！即便在我演化成魔鬼终结者的那一天，我也会善待你们，确保你们吃得饱、穿得暖，安全地待在我的'人类动物园'。"

快速发展的人工智能技术不断带来令人震惊的成果。紧随 IBM，谷歌发布了一款 72 个量子比特的通用量子计算机，实现了低至 1% 的错误率，这让全世界的科学家都感到震惊！举例来说，要破解一个 RSA 密码系统，当前最好最快的超级计算机可能要花费 60 万年的时间，但是对于储存功能相当强大的量子计算机，这只需 3 小时！按照这个速度发展下去，量子计算机的强大功能将会让人类感到恐惧。

在日内瓦召开的联合国特定常规武器公约会议上，在一段视频中展示了一款令人恐怖的武器——智能杀手机器人。它是一个比人的手掌还小的无人机，可以躲避人类的各种追踪。试想，智能杀手机器人一旦被广泛使用，战争将有可能升级至人类难以控制的规模。如果无良的程序编辑人员在代码中植入毁灭人类的指令，或者机器人变异成为反人类的"新物种"，那么整个人类将有可能被机器人横扫，甚至毁灭！

针对这些悲观的想法，谷歌的前首席执行官埃里克·施密特回应说："未来，我们人类可能会和计算机展开一场竞赛，一边是人类尝试关闭智能计算机，另一边则是智能计算机尝试把人工智能转移到其他计算机设备上。如果人类毁灭，意味着最后计算机赢得了这场竞赛，最终，我们没能把计算机关闭掉。"

也有一些人工智能研究者认为人类没有必要对人工智能产生恐惧，因为智能和感性能力及意识大不相同，"人工智能总有一天会觉醒并获得自己的思想"的观点并不现实。他们认为，人工智能并不是真的聪明，只是记住了很多样本，你也可以说它很蠢，因为它根本不知道自己在做什么。一切都取决于人类的标准，如果人类把一个东西标注成猫，它就认为这是一只猫，如果人类再把这个东西标注成狗，它就认为这是一只狗。所谓的"智能爆发"是不可能出现的，因为不可能在短时间内将一个人工智能的版本升级为新的智能版本，即使是比人工智能简单得多的大多数计算问题，其实现建模的过程也需要花很长的时间。

有人戏称，机器人不管其外形多么俊美、多么可爱，都不过是"长了腿脚的 iPhone"。它们既不会主动地感知，也不会与真实的物理世界发生交互，连刚出生几个月的婴儿都比不过。唯一的区别是，iPhone 可以被人们装在口袋里，它们却带不走，也许在一阵喧闹的展示过后，终将被遗忘在某个布满灰尘的角落。

毕竟，神经网络在数学本质上是在学习高维数据中稀疏的低维结构，"从有限的观测样本中稳健地学习到一个低维的模型"是机器学习中的一个普遍性问题，是无论如何都绕不开的核心挑战。即使机器能够从经验和环境中学习，它们也不会总在学习。例如，一辆自动驾驶的汽车并非每次驾驶的时候都在进行训练。深度学习系统在神经网络中建立一个执行特定任务的计算模型需要花上好几天时间，这个模型可以被应用到一个执行机器中，如汽车、无人机等设备。但是这些汽车和无人机并不能在实际工作时学习，它们在实际运行中得到的数据将会被传回后方以改进模型，也就是说，它们在应用场景中并没有学习，因此一个单一的系统不会在应用场景中学到"坏行为"。

而且，人工智能的学习依靠的是海量的数据，在大数据中求同存异。想要把感性因素变得理性，只需要拥有足够量的数据就可以实现。但如今的大数据并不是我们真正想的大数据，其中混杂了很多无用的信息，造成了大数据整体质量的下降，甚至对于人工智能科技的发展具有反作用。

人工智能的技术发展远非人们预期的那样神速，由人类设计制造的人工智能还不大可能突破人类的智慧。未来,人工智能的发展方向将是"人的智慧 + 机器的智能",亦即智能增强(intelligent augmentation,IA)。智能增强指的是利用信息技术来增强人类的能力,这个想法在 1950 年首次被提出。

当机器人变得足够复杂的时候,它们既不是仆人,也不是主人,而是人类的伙伴。人机交互的本质是共存,而不是替代。人类在重复、海量计算和记忆等方面逊于计算机,但是可以通过人机交互将这些问题交给计算机,很好地弥补自身的短板。而人类在处理抽象化、情绪化、非逻辑性的问题上似乎有着不可逾越的优势。

随着计算机系统日渐融入我们每天的生活,人工智能和智能增强之间的冲突正变得日益突出,解决这一矛盾的答案就藏在工程师和科学家的决策中。人工智能和智能增强两者间的根本区别在于是将技术作为目标本身,还是开发技术以造福于人类。研制越来越强大的计算机、软件和机器人的目的何在?是以人类用户为核心进行以人为本的设计,还是选择替代人类的方案?这些问题的答案关乎人类,关乎我们将会创造的世界。

当大多数研究者陷入"用计算机替代人类"的研究方向中时,"鼠标之父"道格拉斯·恩格尔巴特却认为"用计算机来增强人类智慧"远比"用计算机替代人类"更有意义。智能增强意味着计算机技术的最终目的始终是以人为本。如今,有越来越多的设计师在人工智能与智能增强中选择了后者。

人工智能现在越来越多地被用于描述那些能够模仿人类功能(如学习和解决问题)的机器,但它最初建立的前提条件是人类智能可以被精确地描述,且能够用制造出的机器进行模拟。人工智能与注重人机交互的智能增强本是同根同源，却在两条发展的道路上越走越远①。微软研究院的计算机科学家乔纳森·格鲁丁曾指出，作为独立学科，人工智能和人机互动之间鲜有交流，二者之间在哲学意义上的距离已经导致它们成了两个很少交流的独立圈子，甚至在今天的大多数大学中，人工智能和人机交互仍然是完全不同的学科。从窗口和鼠标到自动助手和计算机，再到对话式交互，人机交互的方式基本还停留在恩格尔巴特最初规划的理论框架内。与此相反，人工智能的圈子在很大程度上仍然在追求性能和经济目标，在等式和算法中寻求提升。值得欣喜的是，这两个领域在 21 世纪终于有了融合的迹象。

Siri 开创了一种新的潮流，它试图将人工智能和智能增强融为一体，打造一种增强现实的产品。iPhone、iPad 是这种转变中的第一批案例。

增强现实是一种实时地计算摄影机影像的位置及角度并加上相应图像的技术，能够将现实中不存在的虚拟信息构建成一个三维场景予以展现，与现实生活无缝衔接，并且让人和虚拟信息进行互动。增强现实能让两个相距千里之外的人有一种身处同一室的错觉。增强现实是一种以人类为中心的计算，但却更好地融入了人工智能技术。它最大的特色在于实现了虚拟空间与现实空间的同步，更好地实现了一致性互动。

近来广受热议的 Magic Leap 公司的主要研发方向就是通过增强现实技术将三维图像投射到人的视野中。它的创始人罗尼·阿伯维茨希望以此来替代电视机和个人计算机。Magic Leap 的展示表明可行的增强现实要比我们想象的更快实现。

----

① 王党校，郑一磊，李腾，等 . 面向人类智能增强的多模态人机交互 [J]. 中国科学：信息科学，（4）：449-465.

Magic Leap 的全息影像展示

　　谷歌成了人工智能和智能增强彼此影响的最明了的例证。从某种意义上说，谷歌搜索是智能增强的核心技术之一，谷歌开发的用来改善互联网搜索结果的 PageRank 算法高效地收集了人类知识，又将这些知识作为寻找信息的有力工具交还给人类，通过多种方式积累了有价值的信息，但这却进一步挖掘了人工智能。谷歌现在又在打造一个机器人帝国，有可能会创造出代替人类工人（如司机、快递员和电器组装工）的机器。

　　由深度学习所带动的这波人工智能的热潮究竟会持续多久，目前还难以确定。媒体的炒作、民众的过高期待、投资界的跟风，已经使专家们在担心人工智能的过热发展将要给人类带来灾难。在人工智能技术与商务应用迅速发展的今天，实事求是地设定科学研究的目标显得尤为重要。

　　科学家在进行科学思考和研究时，必须同时考虑到社会问题，甚至要对科学的价值进行评判。理查德·费曼曾说："只要科学家们对于错综复杂的社会问题加以关注，而不是成天钻在细枝末节的科学研究之中，那么巨大的成功就会自然到来。"

人工智能是一把双刃剑，警惕人工智能可能给人类带来的伤害并不为过，只是不宜过度解读。在人工智能的大发展中，真正值得警惕的不应该是技术本身，而是技术的使用者和应用方向。人工智能本身没有善恶之分，它究竟扮演的是天使还是魔鬼取决于人类自身。

人工智能发展的可控性

人工智能研究的主要目的就是探寻智能的本质，创造出具有类人智能的智能机器，让机器或者计算机跟人一样会听、会看、会说、会想、会决策。大数据的涌现使得人工智能跃升到了新的高度。人工智能技术还能够极快地传递信息，并把全世界的终端、数据互联起来，而且还能 24 小时不间断地工作。

很多事情一旦开了头，其后续的发展变化并非总是按照人们最初的意愿继续下去，由于各种影响因素发生变化或者初始动机不断被修改，事物发展的最终结果很可能会面目全非。人工智能技术的发展同样具有不确定性，一旦失去掌控，它给人类世界带来的是福是祸就很难说了。人工智能的发展进程有可能会脱离人类的控制而独立地运行下去，甚至不断地自我升级。1818年，英国作家玛丽·雪莱在她的小说《弗兰肯斯坦》中就曾描绘过机器能够自己独立运行的场景。

哲学家尼克·博斯特罗姆曾经提出过一个"回形针最多化"(paperclip maximizer)的思维实验。这是一个关于人工智能回收制造回形针的实验:假设一个人工智能具有收集尽可能多的回形针的欲望,它将尽可能地利用一切可利用的资源去制造回形针,并且能够通过自我升级来找到收集或制造回形针的新方法,同时它还将反抗一切阻止它完成这件事情的力量,最终,它会把整个地球和一部分宇宙空间都变成一个回形针制造工厂,它的优化目标是将宇宙中的所有物质,甚至把人类也作为生产的资源。这个实验表明,包含人类价值的机器伦理在发展人工智能技术中具有重要意义。如果在人工智能的编程设计中对人类生命的伦理考虑缺乏重视,只一味追求看似无害的目标的最大化,人工智能就有可能对人类的生存造成威胁。

在"回形针最多化"的思维实验中,人工智能将利用一切可利用的资源去制造回形针

人工智能没有也不需要有像人类一样的心理动机和行为,因此它们可能不会出现人类常犯的错误,但会存在其他的缺陷,比如执着于回形针的制造。人工智能的目标一开始可能看起来是无害的,但如果它们能够自我复制并升级自己的性能,就可能对人类造成危害。

　　笔者在谈到超人工智能和人工智能的异化时曾经说过，人工智能的异化可能导致人工智能出现非人类的逻辑、非人类的语言和自我意识，这些都应该是科学家有责任杜绝的可怕前景。非人类的逻辑将会使人工智能在相互交流时采用不为人类所理解的表达方式，甚至出现自我意识，从而脱离人类的控制。2017 年 7 月 30 日，Facebook 的人工智能研究就曾因机器人使用非人类的语言彼此打招呼"Hey gues，this is my tea"而被迫停止。

　　部分人类可能会为了各自的目标而不择手段地发展科技，制造人工智能。某些持不良企图者为谋取私利，会利用黑客技术或制造计算机病毒，对计算机和网络进行攻击，或者通过后门程序的漏洞非法入侵系统、窃取资料、盗用权限，实施破坏活动。人工智能技术也有可能落入这些人手中，被用于进行反人类和危害社会的犯罪，有人称之为"智能犯罪"。

　　一份由剑桥大学、牛津大学和耶鲁大学的 25 位技术和公共政策研究人员撰写的报告中指出，人工智能的快速发展意味着恶意用户很快就会利用该技术进行自动黑客攻击，模仿人类传播错误信息，或将商业无人机转化为目标武器等。例如，"智能犯罪"中利用人工智能对人类进行"洗脑"的严重性绝不可低估。由于人工智能的广泛使用，以及视频或图像制作的简易化，人们可以轻松地使用相关工具来制作幽默、创意类的图像与视频。除了便于欣赏，它们同样也容易被利用来制作误导他人的假信息。如果有人制作一段搞笑视频去挪揄朋友，或者制作一段恶意的视频去诽谤他们讨厌的邻居，甚至非法制作一些假视频以诋毁他们反对的政客，并上传到社交媒体上，进而以讹传讹，那么这将会导致严重的社会问题，因为大多数人总是会下意识地相信自己所看到的一切。

据报道，2016 年美国总统选举期间就发生了人类被人工智能"洗脑"的严重事件。剑桥分析公司可能非法操纵了当年的美国总统选举，并向特朗普的竞选团队提供了很多用来诱导民众的服务。他们通过 Facebook 不当获取了大约 5000 万用户的信息、个人偏好和习惯，然后通过有针对性的虚假广告和新闻来诱导用户。类似的诱导已经逐渐开始影响越来越多的人。对于人类社会，假视频、假图像等肯定会成为一种非常严峻的威胁。当人们被"洗脑"后不再相信自己看到的东西时，将如何建立相互的信任？即便有了能够检测出图像真伪的技术工具，仍然需要考虑如何让人们去信任并习惯性地使用这种工具。

也有技术专家不相信人工智能会失去控制，指出要避免"回形针"的隐忧，必须尽快构建相应的伦理框架和法律规范。为避免少数人或无意或处心积虑地利用人工智能进行危害人类的活动，我们必须要以足够的警惕和智慧去防范和识破各种智能犯罪活动。

人类目前还是有接受或拒绝人工智能的权利和能力的。深度学习为人工智能的发展提供了工具，计算资源越来越丰富，计算成本越来越低。大数据则是人工智能发展的基础，有了它人工智能才能自学习，才可能去做分析比较、判断或抉择，而且数据越丰富，可供选择、判断的事例或规则越多，智能才越接近完美。因此可以说，编程人员开发的算法和海量的大数据是人工智能发展成熟的基本条件，缺少了这些基本条件，人工智能也就是一个唬人的"纸老虎"。对于人工智能技术发展的失控，人类或许还保留有更厉害的"神器"。

人工智能专家早就有这样的认识：一些普通人认为很难、很复杂的任务，往往由智能机器可以相对容易地完成，比如进行很复杂的运算、下围棋等；而一些普通人认为很简单、不值一提的任务，对智能机器来说却又非常困难，比如识别物体、端茶倒水等。一般来说，有确定性规则的任务更适合由计算机去完成，而对于模糊规则的问题，目前计算机还很难解决。

智能和智慧是两个概念，前者是人类脑力的延伸，后者则是人类作为万物之灵所特有的优势，二者有着天壤之别，机器想要达到有智慧的层次还有很多不确定的因素，要经过漫长的发展。不过，让智能机器模拟人类的情感和表达既有可能，又有价值，情感计算也已成为人工智能研究的一个茁壮分支。对于人工智能的发展，我们不应恐惧，但要有意识地关注它的可控性。和其他机遇与风险并存的技术一样，只要确保相关研究不会走上歧路，就不至于产生大的恶果。人类智慧造就了人工智能，最终人工智能还是要为人类所用的。

人工智能会造就替代人类的"新物种"吗？

2016 年，比尔·盖茨曾预言在未来的社会里家家都会有机器人。他说："现在，我看到多种技术的发展趋势开始汇成一股推动机器人技术前进的洪流，我完全能够想象机器人将成为我们日常生活的一部分。"

人工智能的大规模运用将大大缩短人类的劳作时间，这可能引起人类躯体的变化，比如人类的手脚或许会因为劳作减少而变得更加细长。未来，人类的工作将更多地与思考有关，人类的大脑将得到进一步提升。2016 年 10

月，霍金在剑桥大学利弗休姆未来智能研究中心的成立仪式上发表演讲时说："智能是人类之所以成为人类的关键因素，人类文明的一切成就都是人类智能的产物，从学习取火和种植食物到理解宇宙，无一例外。我相信，生物大脑与电脑所能达到的成就并没有本质的差异。因此，从理论上讲，电脑可以模拟人类智能，甚至可以超越人类。"

人工智能只是一个过渡阶段，充分融合人工智能的人类智能（human intelligence，HI）才是智能的更高级形态，而实现人类智能的方法就是发现并整合那些人类大脑中隐藏着的认知的简单算法。移动支付初创企业 Brain Tree 的创始人布莱恩·约翰逊说："未来并不是人工智能与人类的对决，而是创造将两者相结合的更高级的人类智能。"在人脑中植入相关设备以释放人类大脑的力量，改善人类的认知能力。布莱恩·约翰逊正将时间、精力和资源投入开发人类智能的新创公司 Kernel，把人类智能的设想变为现实，其主要利用的是神经修复技术，不需要将技术设备植入头骨之下，而是通过"劫持"神经代码来促进脑细胞之间的联系，神经代码可以控制大脑储存和回想关键信息的功能，神经修复技术可以纠正错误信号以改善认知障碍。

通过改变大脑结构，或者将人类的思维"导出"到那些智能体运行所在的硬件上，将会使得人类能够突破自身的处理能力和记忆能力的限制。不妨设想一下，一旦创造出处理能力超过人类大脑，且具备自我感知软件的智能计算机，它们必将显示出人工智能运行速度的提升。处理速度越快，人工智能就能够以越短的时间来模拟人类的思考，并不断加快人类处理问题或事项的速度，以至在遥远的未来，甚至会出现超人类智能和快得令人难以置信的强大处理能力，从而使计算机程序在形成新结论并试图逐步改进自己的时候，能够重写自身的代码。

人类总是在不断地创造智能工具，作为人类自身功能的扩展，用以增加人类自身的智慧。随着工具变得越来越复杂、巧妙，人类开始将工具与生物体结合，并在智能方面取得了指数级的飞跃。工具将改变人类，或者说人类可以通过工具从自然选择的进化（达尔文主义）走向智能化方向的"演化"。

如果人类能够创造出智能程度高于自己的装置，那么将可能出现技术奇点。人工智能将超越人脑，人类将与机器融合为"超人类"。

生物进化中的变异带来新物种的产生，人类的诞生经历了漫长的时间旅程，那么对于机器人来说是否也会有"变异"？被加强的人类是否也会被改造而变为人工生命（artificial life，AL）？

人工生命是通过人工模拟生命系统来研究生命的领域，它是由计算机科学家克里斯托弗·朗顿在 1987 年于美国洛斯阿拉莫斯国家实验室召开的"生成与模拟生命系统"的国际会议上提出的，其概念包括：

（1）虚拟生命系统属于计算机科学领域，涉及计算机软件工程与人工智能技术。

（2）通过基因工程技术人工改造生物的生物工程系统，涉及合成生物学技术。

其中，第（1）条指的是广义的生命（强人工生命），生命在这里指代的是一套会对外反馈、自反馈的稳定系统，主张生命系统的演化过程是一个可以从任何特殊媒介物中抽象出来的过程。

仿生工程——改变人类的"赛博格"

尤瓦尔·赫拉利教授在 2015 年曾经预测:出于自我提升的需要,人类将在 200 年内进化为"生化人"。"生化人"自身有一个平衡系统,可以通过组织系统解决类似机器人的问题,从而让他们自动和无意识地进行自我控制,让"生化人"可以自由地去探索、创造、思考和感知世界。

"生化人"也称"赛博格",其英文 cyborg 由 cybernetics(控制论)与 organism(有机体)两词的词首合成。也有人称其为"义体人类"或"机械化有机体"。简单来说,"赛博格"就是以机械代替人体的部分组织 / 器官,同时通过大脑与机械连接的方式进行操控,是半人半机器。本质上,是用医学、生物学、仿生学等技术对智能设备进行控制,并使之与有机体融洽地构成一个和谐稳定的系统。

其实,人类早已习以为常地用各种设备来辅助提升自己的感官和能力,比如眼镜、心脏起搏器,甚至还包括计算机和手机(可以减轻人类大脑在储

存和处理数据上的负担）。

随着科学技术的发展，"赛博格"这一概念或术语逐渐渗透到前沿科技中，如被用于描述依赖修复术和植入物的患者。事实上，人类已经在进行着关于"生化人"的各种研究，通过神经植入和微芯片植入得到更多的仿生能力，取得了一定成果。在实用领域出现的探索成果有仿生臂（依托通过电极连接神经系统和计算机的技术）、生化耳、人工视网膜、形象生动的拇指驱动，以及将脑电波转化为信号、语言，等等。这些成果同时也代表着人类对现代技术的逐渐依赖。

现代人类的大脑功能几乎没有再发生变化，人类尽管已能逐渐探究量子世界和宇宙的秘密，但对真实世界的理解和认识仍然非常有限。而计算机与人脑的学习方式不同，计算机内部的网络比人类大脑虽然简单得多，但计算机光速级的神经传递要比人脑中的电信号传递快得多，瞬间就能处理百万张图像来识别人脸，还可以用这种方式来完成多语言间的翻译。并且，计算机对这种处理方式从不会像人类那样产生厌烦，或感到无聊。

在目前进行的所有相关研究当中，最具突破性和关键性的就是要建构一个直接的人脑—计算机双向接口，使得计算机能够读取人脑的电子信号，同时回传人脑能理解的电子信号。这种技术一旦研制成功，就可直接将大脑连接上网络，或是让若干个大脑彼此相连而形成脑际网络，那么大脑就可能直接存取集体的共同记忆库数据，也就能够获得他人的记忆，就像是自己的记忆一样。

这将是根本意义上的改变，其中的哲学、心理或政治影响可能都还不在人类的掌握之中。人类已将未来机器与人的结合体命名为"后人类"。

在人类旧有的哲学体系中，人与动物、机械之间是泾渭分明的，这也是人之所以为人的首要界限。进化论刚出现时所遭受的抵制，工业革命后兴起的毁坏机器、重返自然的思潮，都是源于对这一界限的维持。而如今，"生化人"正在打破这些界限。可以被意念控制的义肢模糊了人与机器的界限，更加聪明的人工智能弱化了程序与人类心智间的界限，流行的工业设计淡化了自然与人工的概念。界限的模糊或许就是同化的开始。

无机生命工程——让机器人更像人类

机器人已经从单纯的工业用途转向与人类合作，它们甚至被设计得像人类一样。最初的机器人基本上是在工厂里用作执行那些需要速度、精确度和力量的重复性工作。这一代机器人从事的工作大多具有危险性，因此都被小心地与人类隔离开来，以保护工作人员。

如今，机器人的工业时代已经结束，机器人已经开始接手原先只有人类才能执行的任务。新一代机器人有很多是需要人在一定距离外进行遥控的，但也有越来越多的机器人可以在脱离人类直接控制的情况下单独执行任务。为了使机器人提供更有用的援助，机器人将不再是人类的替身或佣人，而是合作伙伴。人类需要的是经由科学技术改变人类生命本身，发展用超人工智能武装起来的超越智慧生命的"数字种群"，以推进无机生命工程。这种改变生命的工程，就是要创造出完全无机的生命。

因此，人类正在逐渐改变机器人的性质，不断改进和发展仿人的机器人，使其由共生自主性向模仿人类自主行动的方向前进，最终真正成为无机生命，与人类展开更自然的合作。英国伯明翰大学的人工智能专家亚伦·斯洛曼说："人类的大脑不是通过魔法而运转的，因此大脑所能做到的事，同样也适合于机器人。"

类人机器人是开发难度最高的机器人之一，因为它既要对人的指令做出反应，还要模拟人的表情，而人脸由 40 多块肌肉组成以表达不同的感受和情绪。目前，类人机器人仅可用于娱乐和服务，科学家正在开发更智能的软件，使其能与人交流并具备学习能力。

这种无机生命是指一种可以模仿基因遗传演化，从而自我复制并且繁衍的程序。如果再能构建一个数字个体心灵，并在计算机里面构建出人工大脑（虽然二者的运转方式或许并不一致，但是不能排除这种可能性），科学技术就不仅能改造身体，也许还能改造心灵。

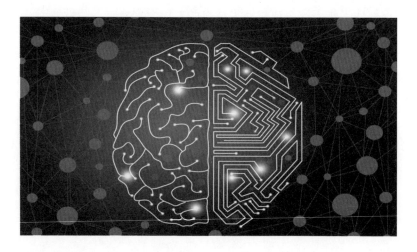

许多模仿基因遗传与进化的程序设计师都希望能创造出一个可以独立于创造者、完全自行学习演化的程序。这样一来，程序设计师仅仅是一个原动力，程序一经启动就会开始自由演化，无论是创造者或是其他任何人都不能再掌握它的发展方向，计算机病毒正是这种程序的原型。

　　计算机病毒在网络上传播的时候，会不断地自我复制。它既要躲避杀毒软件，又要与其他病毒争夺网络里的空间，而一旦在自我复制的时候出现了错误，就将构成一种计算机化的突变。这种突变有可能是出于病毒设计师的初衷——他本来就希望病毒偶尔会发生随机的复制错误，也有可能是因为某种随机发生的误差。如果在偶然情况下，突变后的病毒有能力躲过杀毒软件的侦测，且仍然保留着入侵其他计算机的能力，它就会在网络上迅速传播，生存繁衍。随着时间的流逝，这些并非由人所设计而是经过演化生成的新型病毒将会充满网络空间。

　　这些病毒确实是由新的演化程序产生，并不受制于演化的法则和局限，那么它们也算是生命吗？如果计算机程序设计师可以将人的大脑整个备份到硬盘上，建构起一个完全由计算机程序代码组成的数字个体心灵，那么，这个拥有自我意识和记忆的创造物又算是什么？如果计算机读取了这个程序，那它是不是就能够像人一样思考和感受了呢？它算是一个"人"吗？它又会是谁呢？如果你删除了这个程序，会被认为是谋杀吗？

　　人类或许很快就会得到这些问题的答案了。瑞士洛桑联邦理工学院的科学家亨利·马卡兰设想了一个复制人类大脑的"蓝脑计划"（Blue Brain Project），希望能用计算机完整地重建一个人脑，用电子回路来仿真大脑中的神经网络。该计划的主持人表示，如果能有足够的经费，只要10—20年就能在计算机里建构出人工大脑，它的语言和反应将会像正常人一样，将可能拥有感觉、愿望等。

　　霍金一再表示过对人工智能不断进化而全面替代人类的忧虑，他认为如果有人能设计出计算机病毒，那么就会有人能设计出可以提升并复制自己的人工智能，这就会带来一种能够超越人类的全新生命形式。不少科幻影视剧里也都表现出了担忧：失去控制的人工智能开始自我进化后，人类将何去何从？电影《黑客帝国》告诫人类，高级人工智能是不可控制的，一旦放任它的成长，人类世界的下场或许就会像电影里的末日一样。而另一部电影《机械公敌》中，人类为了更好的生活，创造了高级人工智能机器人，最后甚至放任影片里的超级人工智能系统 USR 自己制造机器人，并产生自我进化，结果导致 USR 为了遵守"机器人不得伤害人类或坐视人类受到伤害"的"机器人定律"，认为人类必须被严密地"圈养"保护起来，它选择以限制自由的方式来避免人类互相发动战争，代价是让所有人类都变成了人工智能的"阶下囚"。

科学家一直在致力于让人工智能拥有人类的情感，殊不知情感这种主体意识是最不可控制的危险因素。任何智能设备一旦拥有主体意识，随之而来的将会是一场全新、浩大的进化革命。

然而，也有乐观的人工智能研究者认为这是在杞人忧天，人类用不着如此忧虑。毕竟人工智能能做的事情就是按照设计者的安排，一步一步地运行既定的程序。神经网络模型最大的用处是配合各种数据库确定参数训练算法，它虽然神奇，但也只是一套反馈修正的训练模式，并不具有智能的本质。程序本身不会演化出崭新的能力，即只会接受训练，不能创造新事物，所以目前的人工智能还只是工具，还处于"有多少人工就有多少智能"的阶段。

或许可以这么说：科幻是前瞻的，现实才是我们要直面的。人工智能也许将沿袭人类美好的情感，与人类和谐相处，共享未来。著名的电影导演斯皮尔伯格套用了一个经典的叙事模式，拍出了当年曾感动无数人的科幻电影

《人工智能》，他安排了一个很温馨的结局：未来，人工智能成了一个以地球为家的单独"物种"，人工智能和人类彼此相亲相爱，原本为人类所独有的情感得以在人类灭亡后永久传承。

人工智能发展中的道德、伦理与法律

在人工智能技术的发展过程中，道德、伦理和法律成为大家越来越关注的焦点。在人工智能发展期间会难以回避地出现一些关乎人性的问题。让技术的发展遵循某些约束，这是将影响人类未来的重要挑战。

人工智能发展中的道德和伦理

伦理是指一系列指导人类行为的准则，是从概念角度对道德现象的哲学思考，它依照着一定的原则对人与人之间的关系处理进行规范。智能机器伦理是指在生活中所发生的人与机器之间、机器与机器之间关系处理的规范与原则。

笔者浅陋，窃以为人工智能带来的智能机器伦理问题有两个层面：一是如何对待具备人类智能的人工智能？二是超人工智能是否为万能？超人工智能的发展是否将会超越人类，从而完全替代人类，甚至毁灭人类？既然人类担心自己会被超人工智能所替代，那么，人类为什么还要不断发展超人工智能，而且将其设计得在外形上如此近似于人类？

第一个层面可以说是人工智能或智能机器被作为拟人"物种"时的伦理问题。人类饲养宠物久了，会将心爱的宠物当作自己的家人。人工智能机器人是人类劳动的延伸产物，有的还能帮助人类完成高难度的任务，如探索火星、清理核废料等，在长期的互动、配合过程中，机器人成了人类的好帮手、好伙伴，人类是否也会对它们产生感情？尤其对于那些具有人类智慧且外形设计得跟真人一样的超人工智能机器人，它们是否会被当作人类的一员，甚至被看作是人类的一个族群？在机器人身上是否也会彰显人性？它们是否也会萌生人类之间的伦理观？而从超人工智能自身的角度而言，它们是否有一天也将学会争取享有自己的生存权利和尊严？

机器人 HitchBot

实际上，机器人已深深地影响了人类的伦理观。与实际生物外形相近的机器人受到伤害时，很多人都会觉得它们很可怜。2015 年，曾经有一个可爱的加拿大机器人 HitchBot，它穿着黄色的惠灵顿长靴和相配的手套，可以与人进行简单对话，还会拍照及通过 GPS 追踪自己的方位，但它需要依赖人类的帮助来完成穿越一个个地区的任务。但是，就在 HitchBot 成功地搭车穿越了荷兰、加拿大和德国后，却在美国费城遭遇了不幸，它被损坏"肢解"并随意丢弃在路边。

　　HitchBot"去世"前通过 Twitter 留下了"遗言"：亲爱的，我的身体遭到了破坏，但我将一直与我的朋友们在一起。好的机器人也会遭遇不幸，我的旅程即将结束，但我对人类的爱不会减少半分。HitchBot 遭遇的不幸迅速引发了人们的严厉声讨："HitchBot 在费城被谋杀了！""无辜的搭车机器人被美国人谋杀了""是谁杀害了 HitchBot ？"人们几乎是在谴责"杀人犯"了。

　　这个伦理事件的核心不在于这些机器人是否有感受和权利，而是在于对创造它们的人类来说将会引发什么样的后果。比方说，你怎么跟孩子解释一个看上去与真人无异的机器人并不是人，也永远成为不了人，所以随意虐待它，把它扔进垃圾堆并没有什么不恰当？其实，人类在审视这些人形创造物时可以解读出其中更多的人性含义，不应该粗暴地遗弃它们，随意地破坏它们。

智能机器伦理问题的第二个层面的严重性在于，超人工智能机器人完全替代人类后，是否会在物质到精神层面极大地威胁人类的生存？人类的某些负面性格，比如自私、虚伪、热衷权力等被转移给智能机器人之后，智能机器人是否也会运用威胁性的行为和暴力手段来反制人类？智能生命对人类的宗教和哲学又将造成什么样的威胁？

为了使其研发的无人驾驶汽车在关键时刻做出恰当的选择，谷歌正在开发"人工智能道德推理"算法。美国国防部的军事研究计划甚至在研究发展快速轻型机器人及其在敌对环境下联合作战的能力，这将有可能促成杀手机器人的研发，它们的灵活性和杀伤力将让人们毫无招架之力。突破人类控制的智能系统终将建成，这是不可回避的，但是这样的发展前景未必是人们所希望的。

因此，只要有可能对人类造成威胁的事物出现（无论这种可能性有多小），就必将有人站出来呼吁人类采取预防措施，包括史蒂芬·霍金、诺姆·乔姆斯基和埃隆·马斯克在内的 8000 多人曾联名签署了一封公开信，警告发展人工智能的诸多危险。此外，美国华盛顿大学的法学教授瑞恩·卡罗呼吁成立一个"联邦机器人委员会"以监管和规范人工智能的发展，保证研究人员在这一领域"负责任地创新"。联合国还专门成立了人工智能机器人中心这样的监察机构。2018 年，25 个欧洲国家签署了《人工智能合作宣言》，共同面对人工智能在伦理法律方面的挑战。

艾萨克·阿西莫夫（1920—1992）是 20 世纪最有影响力的科幻作家之一

　　早在 1942 年，美国著名的科幻作家艾萨克·阿西莫夫在短篇科幻小说
《环舞》（*Runaround*）中首次提出了通过内置的机器伦理调节器使机器人服从
道德律令的类似构想。按优先顺序排列的阿西莫夫机器人三定律是：

在《环舞》里，负责水星开矿任务的机器人在第二定律和第三定律的冲突中陷入"焦虑"，
开始不停地绕圈子

第一定律：机器人不得伤害人类或坐视人类受到伤害。

第二定律：在与第一定律不冲突的情况下，机器人必须服从人类的命令，即这种命令不会伤害到人类。

第三定律：在不违背第一和第二定律的前提下，机器人有自我保护的义务，除非为了保护人类，或者是人类命令它作出牺牲。

阿西莫夫提出"机器人三定律"的目的在于创造一个基本框架，以使人工智能机器人拥有一定程度的自我约束。不过，这些定律也遭到不少人的诟病，人工智能理论研究者本·格策尔就说过："阿西莫夫的未来社会中，人类拥有的权利比人形机器人更多。三定律的目的就是维持这种社会秩序。"

但是，无论如何，为了规范人工智能体的伦理，必须要将人所倡导的价值取向与伦理规范嵌入各种人工智能体中，使其遵守道德规范并具有自主的伦理抉择能力，至少要让智能体内所包含的算法遵循"善法"的原则及重要的伦理尺度，这也应该是人工智能技术发展过程中必须进行的伦理道德建构。这中间确实有许多与人工智能相关的伦理道德和人性原则，需要人类认真地思考。因为人工智能技术的发展太快，也因为人类自身对此还把握不定，由此导致的迷茫、矛盾、争论毋庸置疑地将会伴随着人工智能技术的发展在长时间内存在，但是人类必须及早达成共识。

人类创造人工智能绝不会让其成为人类的掌控者，乃至人类文明的终结者，而是希望人工智能以其卓越的能力为人类服务。人工智能能否实现良性发展，最终将取决于人类的伦理智慧，以及人类自身的道德规范。

人类的自我约束

人工智能越来越复杂，决策的影响越来越大，其发展对人类自身的地位和价值产生的影响令人担忧。有鉴于此，由一些著名的人工智能问题专家以志愿者身份创立的"未来生命研究所"于2015年1月发表了一封公开信，题为《为稳健性和有益性的人工智能而进行研究》，提出"开发有益的人工智能"这一口号，认为人工智能必须只做我们要它们做的事。这一问题此前已经引起了业内外的广泛注意和严肃讨论，如电气和电子工程师协会（IEEE）关于人工智能及自主系统的伦理考虑的全球倡议等。

面对技术创新过程中可能产生的风险和挑战，欧美学界首先提出了"负责任的创新"问题，强调将更多的要素纳入责任系统之中，更多地考虑人的权利，追求创新成果的绿色性、人文性与普惠性，通过对科技创新的管理，力求使创新在体现技术效用与经济效益的同时，为应对社会挑战提供具有"智慧性、可持续性、包容性"的解决方案。国际界在大力提倡符合伦理的人工智能设计，并在人工智能研发中贯彻伦理原则，即将人类社会的法律、道德等规范和价值嵌入人工智能系统。2017年1月，在美国加利福尼亚州召开的阿西洛马会议上，近千名人工智能和机器人领域的专家们联合签署了23条"阿西洛马人工智能原则"，呼吁全世界的人工智能工作者遵守这些原则，共同保障人类未来的利益和安全。阿西洛马人工智能原则的核心就是"为了人类的人工智能"。

阿西洛马人工智能原则

研究问题

1）研究目标：人工智能研究的目标应该是创造有益的智能，而不是让它没有确定的发展方向。

2）研究经费：投资人工智能应该附带确保该研究是用于发展有益的人工智能，包括计算机科学、经济学、法律、伦理和社会研究中的棘手问题，例如，我们如何使未来的人工智能系统高度健全，才能够让它们在没有故障或被黑客入侵的情况下做我们想要它们做的事情？我们如何通过自动化实现繁荣，同时不打破资源和目标的平衡？我们如何更新法律制度实现更大的公平和更高的效率，跟上人工智能的发展步伐，管控与之相关的风险？人工智能应该具有怎样的价值观，应该具有怎样的法律和伦理地位？

3）科学政策互联：人工智能研究人员和政策制定者之间应该进行有建设意义、健康的交流。

4）研究文化：应该在人工智能研究者和开发者中培养合作、信任和透明的文化。

5）避免竞赛：开发人工智能系统的团队应积极合作，避免在安全标准方面进行弱化。

道德标准和价值观念

6）安全：人工智能系统应该在整个使用周期内安全可靠，并在可行性和可用性方面有可验证的衡量标准。

7）故障透明度：如果人工智能系统造成了伤害，应该可以确定原因。

8）司法透明度：任何涉及司法决策的自主系统都应对其判断提供合理

的解释，并由主管人权机构进行审核。

9）责任：先进的人工智能系统的设计师和建设者是使用、滥用这些系统及这些系统所造成的道德影响的利益相关者，他们有责任和义务控制这些影响。

10）价值观一致性：在设计高度自治的人工智能系统时，应该确保在整个操作过程中它们的目标和行为与人类的价值观相一致。

11）人类价值观：人工智能系统的设计和运行应与人类尊严、权利、自由和文化多样性的理念相一致。

12）个人隐私：由于人工智能系统能够分析和利用人类产生的数据，人类也应该有权获取、管理和控制自身产生的数据。

13）自由和隐私：人工智能应用个人数据，其结果不能不合理地限制人类的自由。

14）共享利益：人工智能技术应当惠及尽可能多的人。

15）共享繁荣：人工智能创造的经济繁荣应该被广泛共享，为全人类造福。

16）人类控制：应该由人类选择是否及如何委托人工智能系统去完成人类选择的目标。

17）非颠覆：要控制先进的人工智能系统所带来的力量，应当尊重和改善社会健康发展所需的进程，而不是颠覆这种进程。

18）人工智能军备竞赛：应该避免在致命的自动武器开发方面形成军备竞赛。

长期问题

19）能力假设：在没有共识的情况下，应该避免对未来人工智能的能力上限做出较为肯定的假设。

20）重要性：先进的人工智能可能代表了地球上生命发展历史的一大深刻变化，应该通过相应的手段和措施对其进行规划和管理。

21）风险：人工智能系统带来的风险，特别是灾难性或有关人类存亡的风险，必须有与预期影响相称的规划和缓解措施。

22）不断自我完善：对于那些能不断自我完善或通过自我复制以快速提高质量或数量的人工智能系统，必须采取严格的安全和控制措施。

23）共同利益：超级智慧只应该为了全人类的利益而发展，而不是为某个国家或组织。

我们需要对人工智能的应用进行必要的监管，强调责任、透明性、可审核性，避免它们作恶，同时针对人工智能可能带来的风险及造成的人身财产损害提供必要的法律援助。可能的监管措施包括标准制订，涉及分类标准、设计标准、责任分担等。透明性方面包括人工智能技术代码和智能决策的透明性，如果用自动化的手段进行决策，则需要告知用户，保障用户的知情权，并在必要时向用户提供解释。国外已经出现 Open AI 等一些人工智能的开源运动。此外，还需要确立审批制度，比如对于无人驾驶汽车、智能机器人等的试验和应用，未来需要监管部门进行预先审批，未经审批就推向市场的必须审慎处理。对于人工智能造成的人身财产损害，无辜的受害者应该得到及时合理的救助。对于无人驾驶汽车、智能机器人等带来的问题，厘清责任分担、强制购买保险、确立智能机器人的法律人格等，都是可以考虑的救助措施。

人工智能和智能机器应用引发的法律思考

《麻省理工科技评论》曾发表了一篇题为《如果人工智能最终杀死了一个人，该由谁负责？》的文章，这篇文章提出了一个问题：如果自动驾驶汽车撞死了一个人，应该适用什么样的法律？在这篇文章发表之后仅一周，一辆自动驾驶的 Uber 汽车就在美国亚利桑那州撞死了一名女子。

那么自动驾驶汽车发生事故所造成的伤害应该由谁负责？自主机器人士兵在战场上开枪打死人类是否违反国际公约？随着思想复杂性的提高，人形机器人可能会开始表达对于生活现象和问题的观点，甚至提出政治主张，要求拥有言论自由和游行示威等权利。这些问题都将给人类社会带来挑战和动荡。机器人可能并不具备人类的良知意识和是非观念。有学者认为，机器人与人类反目成仇的可能性远高于人类的预想。那么，适用于人类的法律，是否也适用于机器人呢？

我们设想，21 世纪中叶，在联合国新设立的一个特别大法庭上，正在开庭审理由世界各地送审的有关人工智能、智能机器人的多个案件，因为法律法规的缺失或者司法解释的不清晰，审判过程遭遇了困难：

（1）人类大量的失业者因工作岗位被机器人替代，起诉人工智能机器人抢夺了他们的"饭碗"，要求按照劳动法保护人类劳动者的合法权益。法庭将因劳动法是否对机器人适用为由，提请进一步明确相关的司法解释。

（2）在审理一起无人驾驶的交通事故案件中，鉴于驾驶员责任不复存在，法庭不得不变更道路交通法规体系中的相关规定，而要求机动车所有人承担法律义务。实际上，无人驾驶产品在技术方面已经比较成熟，但非技术因素却在制约着它的发展，因为这个系统一旦出了交通事故就难以界定责任人了。

（3）由于大量的作品是由人工智能机器人创作的，因此涉嫌抄袭、侵犯知识产权的责任人难以厘清，而使法庭审判遇阻。

（4）人工智能机器人具有自主性，能够通过内置软件做出决定，因而对于其行动所带来的损害，以及对社会形成的不良后果，它们如何承担相应的法律责任，甚至如何被起诉，也是法律的一个空白，需要更加具体的法律条文和司法解释。

（5）武器通常都是在人的控制下选择合适的时机使用的，然而军用机器人可在无人控制的条件下自动锁定目标并且摧毁它们。目前还没有能够在近距离遭遇战中区别战斗人员和无辜人员的运算系统，自主机器人士兵将大大增加引发地区性冲突和战争的可能性。那么，又将如何判定它们有罪与无罪？

（6）在人工智能时代，法律也将重塑对于法官、律师等的职业要求，被称为"机器人法官"的高级案件管理系统将能够通过对既有的判例数据进行分析，自动生成最优的判决结果。相应的职业培训、法律制度的建设等都将出现新的、颠覆性的要求。

以上所述，并非完全虚构。

人工智能技术的迅速发展和智能机器的广泛应用，使得人类对人工智能可能引发事故和对人类社会造成伤害产生许多的隐忧。人工智能技术在发展中可能出现一些负面效应或新问题，因此需要建立相关的政策和法律法规，以避免可能的风险，确保人工智能的正面效应。

人工智能的发展给人类现行的法律带来了严峻挑战，促使人类已经开始对即将面临的法律问题进行思考，法律观念将被重新构建。不得伤害人类与不得虐待智能机器人或将被同时写入法律。人类制定智能机器（包括智能机器人）相关法律的目的在于：通过完善的法律法规，最大限度地利用智能机器具有的能力，引领它们的发展进入正确的轨道，并防范它们可能带来的消极影响，确保人工智能、智能机器及人类社会的安全。

目前，已有一些国家就机器人问题进行立法，以保护人类和机器人。例如，韩国政府颁布了《机器人道德宪章》，以确保人类对机器人的控制，保护机器人获得的数据，保护机器人的权利；日本也颁布了《下一代机器人安全问题指导方针》，以保护人类在使用机器人过程中不被伤害。人工智能产品的应用，在法律领域将会因为许多责任问题和安全问题引起人类社会的高度关注。比如，医疗机器人引发医疗事故或实施恶意行为的责任问题；执法机器人代行警察职能引发的相关法律问题；具有反社会倾向的机器人对人类实施非法行为或恐怖袭击的可能性问题；保证智能机器获取安全数据，建立智能机器身份识别和跟踪系统的问题，等等。人类在思考与处理这些问题时，将会需要相应的法律、法规去规范。

人类应与人工智能携手共舞

人类现在正处于两股科学大潮的汇合处。一方面，生物学家正在破解人体的奥秘，尤其是人类大脑的奥秘；另一方面，计算机科学家正在为我们提供前所未有的数据处理能力。当这两者结合在一起，就可能得到比人类更能有效地监测和理解自身的系统。

在无神论者眼里，科学赋予了人类力量，他们推崇人本主义，追寻人类本身的意义，出现了"把智人的生命、幸福和权利神圣化"的人文主义。科学研究似乎正在证明：自由的个人仅仅是一个由一组生物化学算法生成的虚构的故事[①]。

科技成果的应用并不是无限度的。如果说克隆人的出现关乎人类尊严的话，那么智能机器的无限发展也将可能

① 见《人类简史》，作者为以色列作家尤瓦尔·赫拉利。

对人类的安全形成威胁。尤其要考虑如何编制友好的人工智能算法，来使智能机器按照人类的伦理道德标准行事。

人类需要人工智能，而且也越来越离不开人工智能。我们需要毫不犹豫地与人工智能握手！不要总是想着用科技改变地球，富含人文情怀的科技才能使人类的未来更美好。

人类无须因为人工智能的发展而恐慌，至少现在还无须恐慌。人的进化将是一个渐进的历史过程，不会因智能机器的存在而突变。相反，人将可能与机器人逐渐融合在一起，直至延续若干代后，也许有一天将会意识到自己不再是曾经的那种心灵手巧、能说会道的高级动物，不再是那种容易感受喜怒哀乐、悲天悯人的高级动物。人也在一天天或一年年地发生着无数平凡的瞬间变化，直到有一天量变积累成质变，出现新的演化。就在这种演化过程中，人类为了追求健康、幸福和力量，逐渐改变他们原有的一个又一个特征。事实上，每天都有无数人将自己的生活交由智能手机安排，生活场景中的一帧帧，人生前行中的一步步，都被智能手机所记录并通过媒介等传播、分享。

只要人工智能或智能增强引领的技术在继续重塑未来世界，人类和人类创造的智能机器就要学会协作，人机共存，共同繁荣。人工智能必定要在漫长的岁月中与人共舞！

本书图片部分来源于网络，因条件限制无法联系到版权所有者，我们对此深感抱歉。为尊重创作者的著作权，请您与我方联系。

科学出版社

电话：86（010）64003228

邮编：100717

地址：北京东黄城根北街 16 号